地理信息系统基础制图与应用

李　苗　编

科学出版社

北　京

内 容 简 介

本书内容包括软件介绍、ArcGIS 应用基础以及分析实例，实例包括 Shapefile 文件创建、Shapefile 文件的一般编辑与高级编辑、属性数据的编辑和使用、要素的显示、地图制作与地图页面布局、坐标系的定义与转换、地理数据库的创建以及数据变换与处理。

本书可作为高等院校地理信息科学、地理科学、自然地理与资源环境、人文地理与城乡规划以及遥感等专业的本科生的地理信息系统实践操作入门教材，也可以供生态、土地管理、城市规划、政策研究等领域的研究和管理人员参考使用。

图书在版编目（CIP）数据

地理信息系统基础制图与应用 / 李苗编. —北京：科学出版社，2019.11
ISBN 978-7-03-062920-3

Ⅰ. ①地… Ⅱ. ①李… Ⅲ. ①地理信息系统－应用－地图制图－研究 Ⅳ. ①P283.7

中国版本图书馆 CIP 数据核字（2019）第 250960 号

责任编辑：张 震 孟莹莹 张培静/责任校对：彭珍珍
责任印制：吴兆东/封面设计：无极书装

科学出版社 出版
北京东黄城根北街 16 号
邮政编码：100717
http://www.sciencep.com

北京中石油彩色印刷有限责任公司 印刷
科学出版社发行 各地新华书店经销
*
2019 年 11 月第 一 版 开本：720×1000 1/16
2022 年 1 月第三次印刷 印张：8 3/4
字数：175 000
定价：38.00 元
（如有印装质量问题，我社负责调换）

前　言

　　地理信息系统（geographic information system，GIS）是在计算机硬件、软件系统支持下，对整个或部分地球表层空间中的有关地理分布数据进行采集、储存、管理、运算、分析、显示和描述的技术系统。随着 3S 技术的迅速发展，地理信息系统在农业、林业、海洋资源开发、智慧城市、智能交通、车辆导航、环境保护等各个领域都发挥着重要的作用。目前世界上出售的商用 GIS 软件不断增加，而且每年都有新的 GIS 软件投入市场。据不完全统计，国外商品化的 GIS 软件有上百种。在众多的 GIS 软件平台中，美国环境系统研究所（Environmental Systems Research Institute，ESRI）推出的 ArcGIS 平台是最具有代表性的地理信息系统平台。

　　本书旨在让学生系统、全面地掌握地理信息系统的基本概念、基本原理、基本知识、基本方法和基本操作技能，进而提高学生实践应用能力。

　　全书共 11 章。第 1 章导论，主要介绍地理信息系统基本概念与组成、地理信息系统功能、地理信息系统应用领域和地理信息系统应用与地图。第 2 章软件介绍，主要介绍 ArcGIS 操作界面、ArcCatalog 基础操作、ArcToolbox 基本操作。第 3 章 ArcGIS 应用基础，主要包括加载数据、数据层的基本操作、要素的选择与输出、清空所选数据和简单查询。第 4 章 Shapefile 文件创建及一般编辑，主要包括 Shapefile 文件的创建、添加和删除属性、一般编辑过程、要素的输入与编辑。第 5 章点、线、面要素的高级编辑，主要包括捕捉功能、线要素的高级编辑和多边形要素的高级编辑。第 6 章属性数据的编辑和使用，主要包括属性数据的输入和编辑，字段的显示、计算与赋值、查询以及表的统计、连接与超链接。第 7 章要素的显示，主要介绍矢量数据的分类显示、栅格数据的分类显示、统计指标地图、多个属性分类图的制作。第 8 章地图制作与地图页面布局，主要包括符号制作、地图注记、地图页面布局的设置。第 9 章坐标系的定义与转换，主要讲述定义投影和投影变换。第 10 章地理数据库的创建，主要讲述地理数据库的创建过程和如何向地理数据库中添加数据。第 11 章数据变换与处理，主要包括数据变换、数据结构转换和数据处理。

本书从构思到完成经历了一年多的时间，编者在编写过程中，得到黑龙江省寒区地理环境监测与空间信息服务重点实验室臧淑英教授、万鲁河教授、张冬有教授、那晓东副教授、张玉红副教授和 ESRI 中国（北京）有限公司的大力支持和帮助，研究生满浩然、刘玉琴、王智影等参与了资料收集、文稿整理、文稿校对等工作。同时编者参考和吸收了许多国内外同行的教材和著作，在此一并表示衷心感谢！

由于编者水平有限，书中内容疏漏之处在所难免，敬请各位读者给予批评、指正，以求不断改进与完善。

编　者

2019 年 3 月

目　录

第1章

导　论

地理信息系统技术是一门综合性的技术。其发展共经历了 20 世纪 60 年代的初始发展阶段、70 年代的发展巩固阶段、80 年代的推广应用阶段以及 90 年代以来的蓬勃发展阶段，到目前逐渐渗透到各行各业，成为人们生活、学习和工作不可缺少的工具和助手（陈超颖等，2017；刘耘成，2014；池建，2011）。

1.1　地理信息系统基本概念与组成

基于不同的部门和不同的应用目的地理信息系统的定义也不尽相同。美国学者 Parker（1988）认为"地理信息系统是一种存储、分析和显示空间与非空间数据的信息技术"。Goodchild（1992）把地理信息系统定义为"采集、存储、分析和显示有关地理现象信息的综合系统"。加拿大学者 Tomlinson（1989）认为"地理信息系统是全方位分析和操作地理数据的数字系统"。Burrough（1987）认为"地理信息系统是属于从现实世界中采集、存储、提取、转换和显示空间数据的有力的工具"。俄罗斯学者把地理信息系统定义为"一种解决各种复杂的地理相关问题，以及具有内部联系的工具集合"（林剑，2009）。美国联邦数字地图协调委员会认为地理信息系统是在计算机软件和硬件支持下，运用系统工程和信息科学的理论，科学管理和综合分析具有空间内涵的地理数据，为规划、管理、决策和研究提供信息的空间信息系统（王勇富，2018；孙双印，2018；党海龙等，2017；朱珍，2014；黄杏元等，2001）。

一个完整的地理信息系统包括硬件系统、软件系统、系统开发与使用人员、地理空间数据四部分（刘丽，2009）。其中硬件系统是计算机系统中的实际物理配置的总称。地理信息系统由于其任务的复杂性和特殊性，必须由计算机设备支持。构成计算机系统的基本组件包括输入设备、输出设备、中央处理单元及储存器等。软件系统包括计算机系统软件、地理信息系统软件、其他支持软件以及应用分析程序几个部分。系统开发与使用人员负责系统组织、管理、维护和数据更新、系统扩充完善、应用程序开发等。地理空间数据包括已知坐标系中的位置、实体间的空间关系以及与几何位置无关的属性（汤国安等，2006）。

1.2　地理信息系统功能

一个完整的地理信息系统有数据采集与输入、数据存储与管理、制图、空间查询与空间分析以及二次开发与编程五个方面的功能。

1. 数据采集与输入

地理信息系统的数据通常抽象为不同的专题或层，数据采集与输入可以将系统外部原始数据传输到地理信息系统内部，并将这些数据从外部格式转换到系统便于处理的内部格式（马杰，2013；张玲，2012；吕玉坤等，2011）。

2. 数据存储与管理

数据存储与管理是建立地理信息系统数据库的关键步骤，涉及空间数据和属性数据的组织。目前常用的地理信息系统数据结构主要有矢量数据结构和栅格数据结构两种，而数据的组织和管理则有文件-关系数据库混合管理模拟模式、全关系型数据管理模式、面向对象数据管理模式等（汤国安等，2010）。

3. 制图

地理信息产品是指经由系统处理和分析，产生具有新的概念和内容，可以直接输出供专业规划或决策人员使用的各种地图、图像或文字说明。

4. 空间查询与空间分析

地理信息系统是对通用数据库的查询语言进行补充或重新设计，使之支持空间查询。空间分析相对于空间查询具有更深层次的应用，内容更加广泛，包括地形分析、土地适应性分析、网络分析、叠加分析、缓冲区分析、决策分析等（汤国安等，2010）。

5. 二次开发与编程

为了使地理信息系统技术广泛应用于各种领域，满足各种不同的应用需求，地理信息系统必须具备二次开发环境，让用户可以非常方便地编制菜单和程序以及生成可视化应用界面。

1.3 地理信息系统应用领域

地理信息系统应用范围包括测绘、国土、环境、水利、农业、林业、矿产、城市规划、应急、公安、交通、旅游、工商、卫生和统计等多个领域，并逐步在通信、电力、石油石化、银行、保险、煤矿、物流、烟草、广告、大型制造业、大型零售业等工商领域和个人位置服务领域发挥着日益重要的作用。目前地理信息系统的应用已从基础信息管理与规划转向更复杂的区域开发和预测预报，并与卫星遥感技术相结合用于全球监测，地理信息系统成为重要的辅助决策工具（陈广博，2017；储征伟等，2011）。地理信息系统、遥感以及全球定位系统的集成被称为 3S 技术集成，3S 技术在经济建设和人们的生产生活中发挥着越来越重要的作用，将有越来越广阔的应用前景。地理信息系统主要应用领域和涉及的部门见表 1-1。

表 1-1 地理信息系统主要应用领域和涉及的部门（汤国安等，2010）

应用领域	内容	所涉及的管理部门或机构
测绘、地图制图	数字地图、网络地图、电子地图、数字测绘等	测绘部门
资源管理	土地、水利、电力、矿产等各种资源及其附属设备的管理、资源清查等	土地管理机构，防汛防旱指挥部，水利管理部门，环保局，林业局，水产局，国土资源部门的地质矿产管理机构，石油管理部门等
灾害监测	农业病虫害、地震、海啸、干旱、土地沙化、森林火灾、区域洪涝等重大自然灾害信息建库管理与灾害评估、分析、预测、急救指导等	农业局、地震局、海事局、航空管理局等

续表

应用领域	内容	所涉及的管理部门或机构
环境保护	环境信息的建库管理与环境变化的监测、分析与预报等。如湿地资源及其生物多样性的遥感监测、景观生态研究与设计、动物生态与动物地理分布、环境生态形式的空间分异研究、野生动物保护等	环境管理与监测部门、研究所等
精细农业	农业资源调查与管理、农业区划、开展农业生态环境研究、开展农业土地适应性评价、进行农业灾害预测与控制、进行农作物估产与监测、在精确农业中的应用	农业局及各级农业技术服务站等
电子商务	提供电子商务的基础平台，对各种信息进行加工、处理、融合和应用，为各种用户提供信息服务和管理决策依据等	电子商务服务商及各级管理部门
电子政务	提升电子政务的应用层次，并实现其综合业务分析和为空间辅助决策提供技术支撑平台，为电子政务提供清晰易读的可视化服务平台，实现对非空间数据的空间定位、空间分析和空间辅助决策	政府机关
城乡规划与管理	城市规划信息管理、城市三维可视化、城市供水智能管理、城市管线信息、城市房产信息等。在区域研究方面有可持续发展空间分析、综合经济区划分、工业布局调整、工程移民、乡村聚落空间分布、人口增长空间变化、建立区域资源信息系统、资源与环境地理信息系统等	城市规划设计与管理部门、市政工程设计与管理局、城市交通部门与道路建设部门、自来水公司、煤气公司、电力局或电力公司、电信局或电信公司等
交通运输	道路规划设计、城市交通管理、城市公共交通、公路运输和航运管理、航空运输设计和管理、铁路运输设计和管理等	城市规划局、公安局交警或巡警大队、公交公司、交通局及其设计院、民航总局、铁路运输管理和设计部门等
人口管理	人口统计分析、计划生育、人口流动管理等	公安局、民政部门、政府机关等
宏观决策	利用拥有的数据库，通过一系列决策模型的构建和比较分析，为国家宏观决策提供依据	政府决策与管理部门
国防、军事	战略构思、战术安排、战场模拟，自动影像匹配和自动目标识别，实时战场数字影像处理，及时反映战场现状等	国防、军事部门等
公安、急救	犯罪空间分析、110 报警系统、119 报警系统等	公安局、消防局、保险公司、民政部门等
医疗、卫生	健康和疾病防治等	卫生局、防疫站等

1.4　地理信息系统应用与地图

从古老的埃及、巴比伦 4000 多年前刻在陶片上的地图开始，以"图形"作为人类传输地理信息的工具已经存在几千年（李更连，2001）。尽管最初人们只是利用树皮、沙地、石块和贝壳等保存和传递对于地理环境的印象，但这已经孕育了一种最简单的地图模型。经历了几千年来社会的发展，人类把地图作为认识客观世界、传递时空信息的方式之一。随着科学技术的进步，地图的制作精度不断提高，表现形式更加多种多样，应用功能不断强大，制图理论也不断成熟（吴小芳等，2009；蔡孟裔等，2000）。地图是遵循一定的数学法则，将客体上的地理信息，通过科学地概括，并运用符号系统表示在一定载体上的图形，用来传递它们的数量和质量在时间与空间上的分布规律和发展变化。地理数据可以用点状符号表示、线状符号表示、定性信息面状制图、等值区域制图。地理信息系统是在地图数据库基础上发展起来的多维信息系统，地图是地理信息系统的基础信息源（于光建，2007）。地理信息系统的发展离不开地图，而地理信息系统技术的应用促进了地图制图的发展。地理信息系统解决了地图数据的存储和可视化的矛盾；解决了大容量数据与高速查询之间的矛盾；大大提高了地图分析的灵活性，缩短了地图更新的周期；扩大了地图的应用范围及研究领域。

第 2 章

软件介绍

ArcGIS 是美国环境系统研究所开发的地理信息系统（吴晓丽，2009）。ArcGIS
桌面系统由三个用户桌面组件组成，即 ArcMap、ArcCatalog、Geoprocessing。ArcMap
是 ArcGIS 桌面系统的核心应用程序，用于显示、查询、编辑和分析地图数据，具
有地图制图的所有功能（郭红蕊等，2009；张鹏，2009；黄秀兰，2008）。ArcMap
提供了数据视图和布局视图两种浏览数据的方式。ArcCatalog 是一个空间数据资
源管理器。它以数据为核心，用于定位、浏览、搜索、组织和管理空间数据（张
婵婵，2013）。利用 ArcCatalog 还可以创建和管理数据库，从而大大简化用户组织、
管理和维护数据工作（扈军，2015）。Geoprocessing 是一个空间处理框架，拥有强大
的空间数据处理和分析工具，框架包括 ArcToolbox 和 ModelBuilder。ArcToolbox 包
含了数据管理、数据转换、矢量分析、统计分析等多种复杂的地理处理工具。
ModelBuilder 为设计和实现地理处理模型提供了一个图形化的建模框架（黄秀兰，
2008）。通常用 ArcCatalog 进行数据的创建、组织和管理，用 ArcMap 进行数据的
显示、编辑和制图，用 ArcToolbox 进行各种数据的分析操作。三者相互协同来满
足用户的需求（王文宇等，2011）。

2.1 ArcGIS 操作界面

2.1.1 ArcGIS 语言环境的设置

单击电脑【开始】>【所有程序】>【ArcGIS】>【ArcGIS Administrator】，
出现【ArcGIS Administrator】对话框（图 2-1），单击右下侧的按钮【高级】，会出现
一个下拉菜单，可以切换不同的语言环境。如果安装了中文（简体）语言包，就可

以在下拉菜单选择"中文（简体）-中华人民共和国"，然后单击【保存】［图 2-2（a）］。
如果未安装中文语言包就会提示"警告：您的系统中未安装 ArcGIS 中文（简体）
语言包，ArcGIS UI 将显示为英语"［图 2-2（b）］。对于初学者，中文界面容易理
解，本书将利用中文界面进行操作演示。

图 2-1　【ArcGIS Administrator】对话框

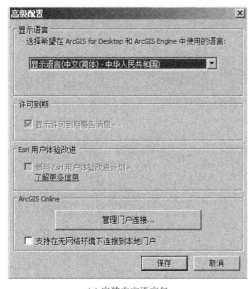

(a) 安装中文语言包

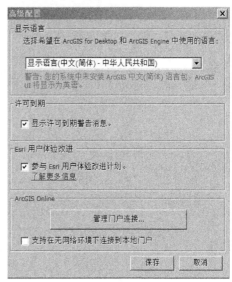

(b) 未安装中文语言包

图 2-2　语言设置

2.1.2 打开地图文档

单击电脑【开始】>【所有程序】>【ArcGIS】>【ArcMap】，将出现【ArcMap-启动】对话框（图 2-3），该对话框左侧有两个路径选项：现有地图和新建地图。默认为"我的模板-空白地图"，直接单击【确定】将出现空白地图文档窗口（图 2-4）。如果在安装后将 ArcMap 图标的快捷方式发送到了桌面，就可以直接双击桌面图标打开空白地图文档窗口。

图 2-3 【ArcMap-启动】对话框

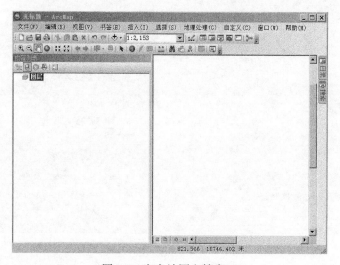

图 2-4 空白地图文档窗口

2.1.3　ArcMap 窗口组成

ArcMap 的窗口包括主菜单、窗口标准工具、内容列表、地图显示窗口、状态栏五部分。主菜单包括文件、编辑、视图、书签、插入、选择、地理处理、自定义、窗口和帮助十个子菜单（图 2-5）。

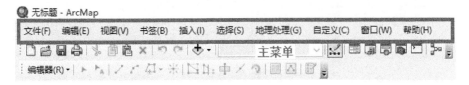

图 2-5　ArcMap 主菜单

窗口标准工具包括创建新的地图文档、打开现有地图文档、保存当前地图文档、打印当前地图文档、剪切所选元素、复制所选元素、将剪切板内容复制到地图中、删除、撤销上次操作、恢复先前撤销的操作、添加数据、显示和设置地图比例、调用编辑工具条、打开内容列表窗口、打开目录窗口、打开搜索窗口、启动 ArcToolbox 窗口、启动 Python 窗口、启动模型构建器窗口（图 2-6）。

图 2-6　ArcMap 窗口标准工具

内容列表用于显示地图所包含的数据图层、地理要素以及显示状态。设置数据要素的显示方法，如点状要素符号的大小、线状要素的线性、面状要素的颜色等。内容列表有四种列表方式。①按绘制顺序列出：拖放可更改绘制顺序，右键单击图层可执行更多命令，单击符号对其进行更改 [图 2-7（a）]。②按源列出：图层按包含其参考数据的地理数据库或文件夹列出，可以看到数据的存储位置 [图 2-7（b）]。③按可见性列出：所有图层按其是否开启或关闭列出，单独列出已经打开但由于当前地图比例而未绘制的图层，单击图层的图标将其开启或者关闭［图 2-7（c）］。④按选择列出：图层按其要素是否可由交互式选择和编辑工具选择来列出，单独列出带有选定要素的图层［图 2-7（d）］。

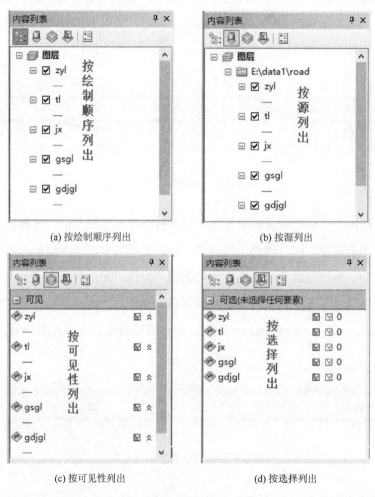

(a) 按绘制顺序列出　　　　　　　　(b) 按源列出

(c) 按可见性列出　　　　　　　　(d) 按选择列出

图 2-7　内容列表

地图显示窗口用于显示地图所包含的所有地理要素。ArcMap 提供了两种地图显示方式：一种是数据视图［图 2-8（a）］，一种是布局视图［图 2-8（b）］，两种视图可以互相切换。数据视图中可以对数据进行检索、查询、编辑等操作。布局视图可以对地图插入图名、指北针、比例尺和图例。

(a) 数据视图

(b) 布局视图

图 2-8　地图显示方式

在 ArcMap 窗口中有不同的快捷菜单，其中常用的有数据框操作快捷菜单、数据层操作快捷菜单、地图输出操作快捷菜单、窗口工具设置快捷菜单。在内容列表当前数据图层上单击右键，打开数据框操作快捷菜单，里面有添加数据、新建图层组、新建底图图层、复制、粘贴图层、移除、打开所有图层、关闭所有图层、选择所有图层、展开所有图层、折叠所有图层、参考比例、高级绘制选项、标记、将标注转换为注记、要素转图形、将图形转换为要素、激活、属性等操作［图 2-9（a）］。在内容列表中的任意数据层单击右键，打开数据层操作快捷菜单，可以对数据层进行复制、移除、打开属性表、连接和关联、缩放至图层、缩放至可见、可见比例范围、使用符号级别、选择、标注要素、编辑要素、将标注转换为注记、要素转图形、将符号系统转换为制图表达、数据、另存为图层文件、创建图层包、属性等操作［图 2-9（b）］。在布局视图中单击右键，打开地图输出操作快捷菜单，可以进行缩放整个页面、返回到范围、前进至范围、页面和打印设置、切换描绘模式、剪切、复制、粘贴、删除、选择所有元素、取消选择所有元素、缩放至所选元素、标尺、参考线、格网、页边距和 ArcMap 选项等操作［图 2-9（c）］。将鼠标放在 ArcMap 窗口中的主菜单处单击右键，打开窗口工具设置快捷菜单，可以进行 3D 分析、TIN 编辑、版本管理、编辑器、编辑折点、变换

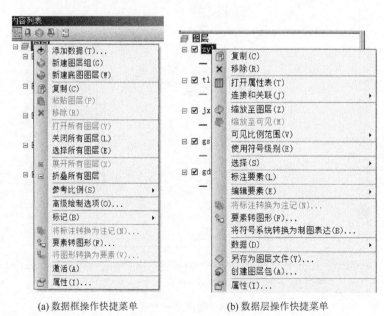

(a) 数据框操作快捷菜单　　　　　　　　(b) 数据层操作快捷菜单

(c) 地图输出操作快捷菜单　　　　　　　(d) 窗口工具设置快捷菜单

图 2-9　ArcMap 窗口的快捷键

宗地、标注、标准工具、捕捉、布局、地理编码、地理配准、地理数据库历史档案
管理、动画、分布式地理数据库、高级编辑、工具、绘图、几何网络编辑、几何网
络分析、空间校正、路径编辑、逻辑示意图、逻辑示意图编辑器、逻辑示意图网络
分析、平板电脑绘图、数据框工具、数据驱动页面、图形、拓扑、效果、要素构造、
要素缓存、影像分类、栅格绘画等操作［图 2-9（d）］。

2.2　ArcCatalog 基础操作

　　ArcCatalog 是一个用于管理地理信息系统数据的软件，利用它可以浏览和组
织地理信息系统数据。由于在 ArcGIS 中空间数据可以存储在地理数据库里，而
地理数据库中有些类型的图层在 Windows 资源管理器中是不能显示的，只能看到

地理数据库这一级目录，所以在操作中应该尽量使用 ArcCatalog 来对数据进行查看、保存、复制和移动等操作（郑贵洲等，2010）。

2.2.1　启动 ArcCatalog

可以通过单击电脑【开始】>【程序】>【ArcGIS】>【ArcCatalog】，进入 ArcCatalog 界面（图 2-10）。ArcCatalog 窗口包括主菜单、标注工具条、选项卡标签和目录树窗口。主菜单包括文件、编辑、视图、转到、地理处理、自定义、窗口和帮助选项。标注工具条包括转至目录树中的上一级、连接到文件夹、断开文件夹的连接、复制、粘贴、删除、大图标、列表、详细信息、目录树、搜索、ArcToolbox、Python、模型构建器等。选项卡标签可以进行内容、预览和描述三者之间的切换。目录树中包含文件夹连接、工具箱、数据库服务器、数据库连接、GIS 服务器、我托管的服务、即用型服务和追踪连接。

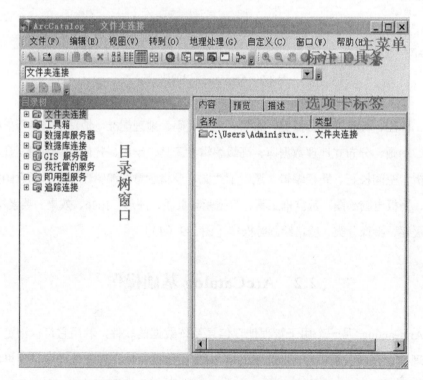

图 2-10　【ArcCatalog-文件夹连接】对话框

2.2.2　文件夹连接

在 ArcMap 窗口标准工具栏中，单击启动 ArcCatalog 窗口图标[图标]，或者在 ArcCatalog 标准工具栏上直接单击【连接到文件夹】按钮，打开对话框。选择经常访问的文件夹，单击【确定】，建立链接，该链接出现在 ArcCatalog 目录树中［图 2-11（a）］。若要删除链接，在需删除链接的文件夹上单击右键，选择【断开文件夹连接】［图 2-11（b）］。

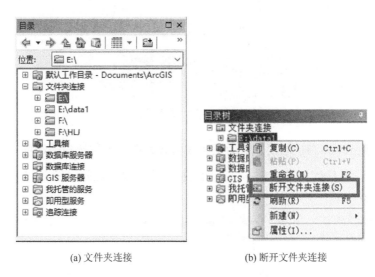

(a) 文件夹连接　　　　　　　　　(b) 断开文件夹连接

图 2-11　文件夹的连接与断开

可根据需要添加或者移除空间数据类型。添加文件类型有以下两种方式。

（1）打开【ArcCatalog 选项】对话框；进入【文件类型】选项卡，单击【新类型】，在打开的【文件类型】对话框中填写文件类型的后缀名；单击【更改图标】按钮，为该文件类型指定图标，单击【确定】按钮，完成操作。

（2）在【文件类型】选项卡单击【新类型】，在打开的【文件类型】对话框中单击【从注册表导入文件类型】按钮，打开的对话框显示本机已注册的文件类型，选择需要的类型，单击【确定】，该类型添加到列表框中。如果想删除某种文件类型，在文件类型列表框中选中该类型，单击【移除】即可（图 2-12）。

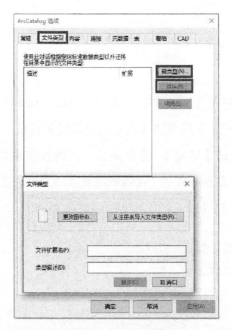

图 2-12　文件类型设置

　　打开【ArcCatalog 选项】对话框＞【内容】选项卡勾选相关选项，可以控制 ArcCatalog 标准栏的详细信息，以及元数据内容信息的显示（图 2-13）。

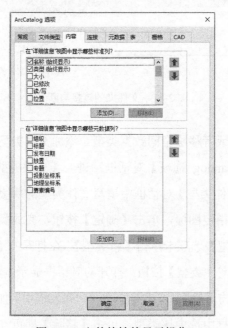

图 2-13　文件特性的显示操作

2.3　ArcToolbox 基本操作

ArcToolbox 是空间数据分析和处理的工具，在 ArcGIS 和 ArcCatalog 中都可以通过标注工具条中的 ArcToolbox 按钮打开。如图 2-14 所示，ArcToolbox 包含了 18 个系统工具集，每个主要工具集中又包含着不同级别的子工具集。

图 2-14　ArcToolbox 工具集

在 ArcToolbox 中有 8 个模块为扩展模块，它们提供了具有较强的专业性的工具，分别是三维可视化与分析扩展模块、扫描矢量化扩展模块、地统计分析扩展模块、网络分析扩展模块、数据发布扩展模块、逻辑示意图生成扩展模块、空间分析扩展模块、跟踪分析扩展模块（图 2-15）。

扩展模块中的工具需要进行激活，否则使用时将提示"未经许可的工具"，无法执行所选工具（图 2-16）。可以通过【主菜单】＞【自定义】＞【扩展模块】，选中复选框激活相应工具。

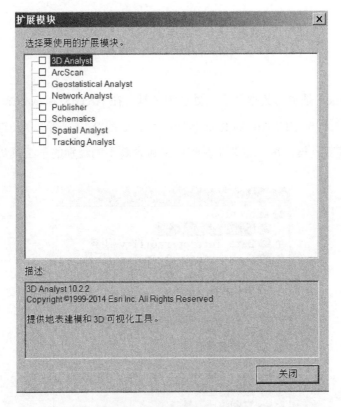

图 2-15　【扩展模块】对话框

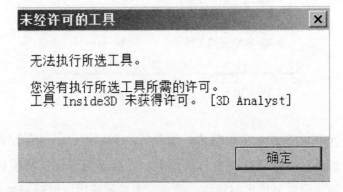

图 2-16　未经许可工具

在【目录】窗口中可以单击要创建工具箱的文件夹，单击右键【新建】>【工具箱】，来创建新的工具箱（图 2-17）。在新的工具箱上可以建立新的工具集和新的工具。

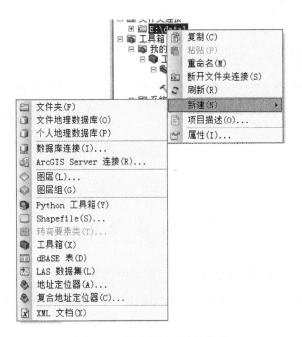

图 2-17　创建新的工具箱界面

第3章

ArcGIS 应用基础

3.1 加 载 数 据

在 ArcGIS 中浏览矢量数据，单击窗口标准工具中的数据添加按钮 ◈·，在弹出的【添加数据】对话框中，选中数据"data1"中的 road 下面的 gdjgl.shp、gsgl.shp、jx.shp、tl.shp、zyl.shp（图 3-1）。还可以单击主菜单【文件】>【添加数据】找到数据后，单击【添加】。也可以使用 ArcCatalog 加载数据层，启动 ArcCatalog，在 ArcCatalog 中浏览要加载的数据层，单击需要加载的数据层，拖放到 ArcMap 内容列表窗口中，完成数据层的加载。

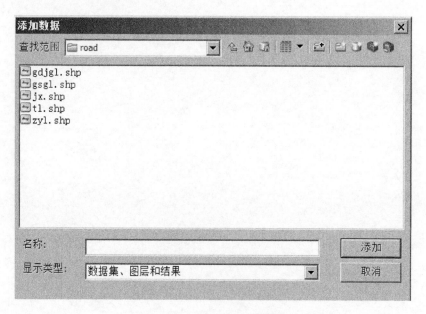

图 3-1　【添加数据】对话框

在地图中加载文本数据，选择主菜单【文件】>【添加数据】>【添加 XY 数据】（图 3-2），选择"data1"下的包含 X、Y 坐标数据的文本文件"nsh.xlsx"，指定含有 X 坐标和 Y 坐标的列，指定坐标系，添加要素后界面如图 3-3 所示。

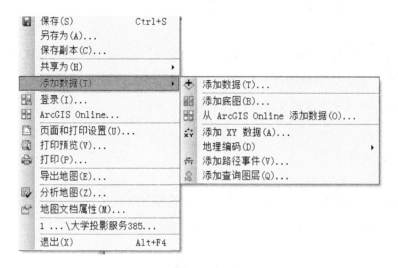

图 3-2　添加 X、Y 数据窗口

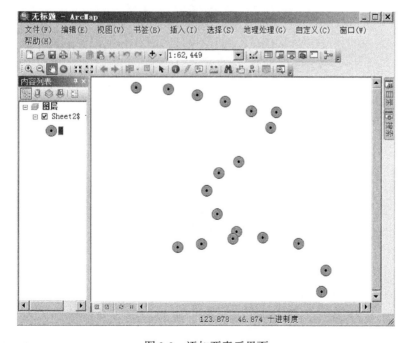

图 3-3　添加要素后界面

3.2　数据层的基本操作

3.2.1　图层的显示控制与顺序改变

图层的左侧有一个小方格，单击一下出现"对勾"，则该图层可以在窗口显示；如果不打"对勾"，则该图层不显示。将鼠标指针放在需要调整的数据层上，按住左键拖动到新位置，释放左键即可调整数据层顺序。

3.2.2　数据层更名

改变数据层名称，可直接在需要更名的数据层上单击右键，选定数据层，再次单击左键，数据层名称进入可编辑状态，即可输入新名称（图3-4）。

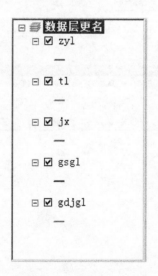

图3-4　数据层更名

3.2.3　地图缩放、平移、全图显示

在工具条中选中放大工具 ，在地图上单击一下，地图按默认比例系数放大。鼠标放在地图上某一位置，按住左键不放，拖动出现一个矩形，再松开左键，所

定义的矩形及地图内容将放大后充满地图窗口。缩小工具 🔍 的使用方法同放大工具。选择平移工具 🖐 可以实现地图任意方向的拖动。选择全图工具 🌐 可以使所有图层的要素整体充满地图窗口。

3.2.4　数据层的分组

当需要把多个图层作为一个图层来处理时，可将多个图层形成一个组图层。在内容列表中选中多个数据层，右键选择【组】，完成创建。双击内容列表中的组图层，打开【图层组属性】对话框，在【组合】选择卡中单击【添加】按钮，可以完成图层的添加。双击内容列表中的组图层，打开【图层组属性】对话框，在【组合】选项卡中选中要调整顺序的图层，使用向上、向下按钮调整（图 3-5）。

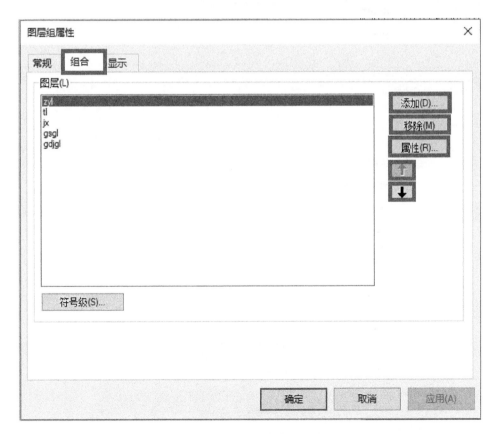

图 3-5　【图层组属性】对话框

3.2.5 数据层的保存

在 ArcMap 窗口，选择【文件】>【地图文档属性】，打开【地图文档属性】对话框。若勾选"存储数据源的相对路径名"，则保存相对路径名，该文档与数据在同一目录时，无论存储在任何文件夹中，均可直接打开文档；若不勾选，则默认为绝对路径名，之后文档路径改变，将无法显示数据（图 3-6）。

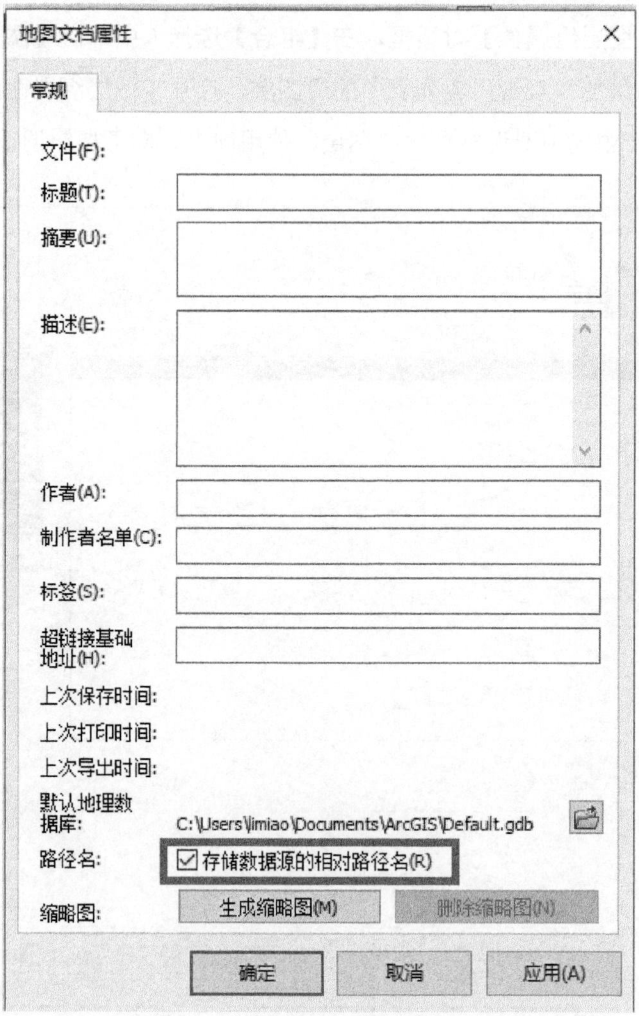

图 3-6 【地图文档属性】对话框

3.3　要素的选择与输出

3.3.1　要素的选择

在基本工具条中单击选择要素图标 ![图标]，单击地图上想要选择的要素，被选中的要素将改变颜色，成为入选要素。打开属性表，可以看到被选中的要素对应的属性表的颜色也发生了改变，它和被选中的要素是对应关系。也可以通过鼠标在属性表中选择要素。图 3-7 中最下面的（15/117 已选择）代表一共有 117 个要素，其中选中的为 15 个。

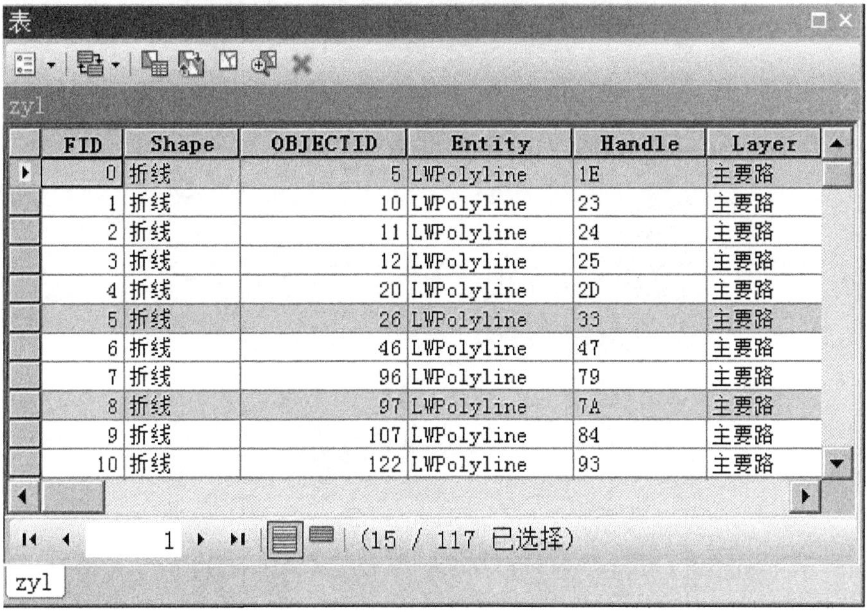

	FID	Shape	OBJECTID	Entity	Handle	Layer
▶	0	折线	5	LWPolyline	1E	主要路
	1	折线	10	LWPolyline	23	主要路
	2	折线	11	LWPolyline	24	主要路
	3	折线	12	LWPolyline	25	主要路
	4	折线	20	LWPolyline	2D	主要路
	5	折线	26	LWPolyline	33	主要路
	6	折线	46	LWPolyline	47	主要路
	7	折线	96	LWPolyline	79	主要路
	8	折线	97	LWPolyline	7A	主要路
	9	折线	107	LWPolyline	84	主要路
	10	折线	122	LWPolyline	93	主要路

（表顶栏：表　zyl）
（表底栏：1　(15 / 117 已选择)　zyl）

图 3-7　选择要素

单击选择要素图标 ![图标] 的右侧下拉箭头，出现五种可选方式：按矩形选择、按多边形选择、按套索选择、按圆选择、按线选择（图 3-8）。例如，选择"按矩形选择"，在地图窗口内，按住左键不放，拖动后形成一个矩形，松开鼠标，与该矩形相交、被包围的要素都被选中。

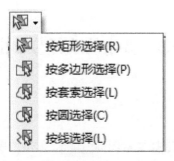

图 3-8　选择方式

在 ArcMap 中可以通过设置 SQL 查询表达式来选择条件匹配的要素。单击主菜单下的【选择】>【按属性选择】，打开【按属性选择】对话框（图 3-9）。

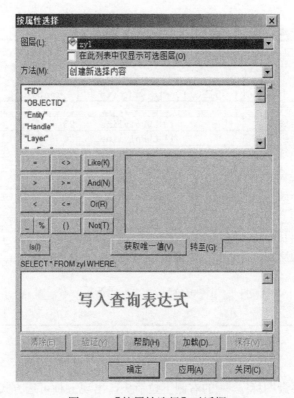

图 3-9　【按属性选择】对话框

在 ArcMap 中还可以根据要素相对另一要素的位置进行要素选择。单击主菜单下的【选择】>【按位置选择】，打开【按位置选择】对话框。在【选择方法】下拉菜单中设置选择方法，在【目标图层】列表中勾选要选择要素的目标图层，指定与目标图层中具有一定空间关系的【源图层】，在【目标图层要素的空间选择方法】中选择相应的空间关系规则。【按位置选择】对话框如图 3-10 所示，选择结果如图 3-11 所示。

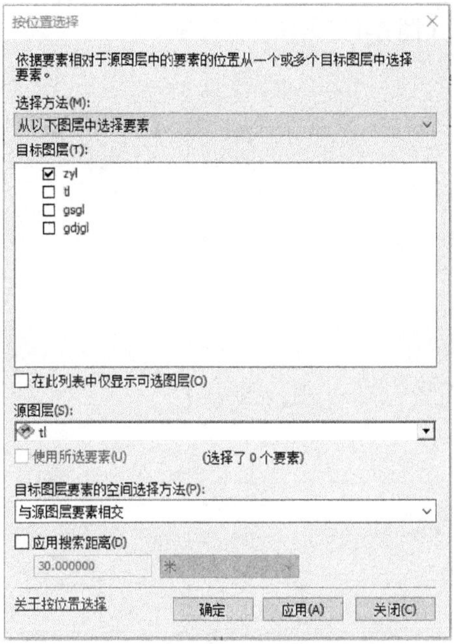

图 3-10　【按位置选择】对话框

图 3-11　选择结果图

3.3.2　要素的输出

被选中的要素会高亮显示，在该图层单击弹出菜单，选择【数据】>【导出数据】，实现数据的导出（图3-12）。

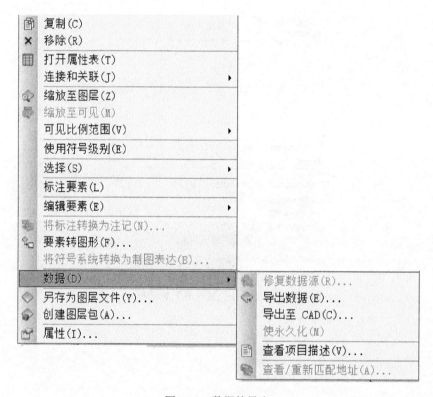

图 3-12　数据的导出

3.4　清空所选数据

要素被选中后可以通过点击主菜单的【选择】>【清除所选要素】来清空所选数据，也可以通过属性表窗口的【清除所选要素】按钮或者 ArcMap 菜单中的【清除所选要素】按钮来清空所选要素。三种清除所选要素的方式如图 3-13 所示。

(a) 通过【选择】清除所选要素

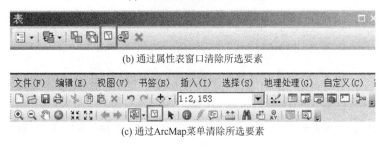

(b) 通过属性表窗口清除所选要素

文件(F)　编辑(E)　视图(V)　书签(B)　插入(I)　选择(S)　地理处理(G)　自定义(C)

(c) 通过ArcMap菜单清除所选要素

图 3-13　清除所选要素

3.5　简 单 查 询

单击基本工具条中的要素识别工具 ⓘ，在某条道路上单击一下鼠标，立即弹出该段道路的属性记录框（图 3-14）。

图 3-14　道路属性

第 4 章

Shapefile 文件创建及一般编辑

4.1 Shapefile 文件的创建

Shapefile 文件格式是美国环境系统研究所 1992 年推出的矢量数据格式。它是工业标准的矢量数据文件，也是 ArcGIS 中最基本、最常用的数据格式（杨益飞等，2010）。学会创建 Shapefile 文件是使用 ArcGIS 和其他功能，如数字化、绘图、制图、空间分析和格式转换等的前提条件。Shapefile 属于简单要素类，用点、线、多边形存储要素的形状，但是不能存储拓扑关系，具有简单、快速显示的优点。一个 Shapefile 是由若干个文件组成的，空间信息和属性信息分离存储（张玉梅，2009）。每个 Shapefile 都至少由三个文件组成，其中*.shp 存储的是几何要素的空间信息，也就是 X、Y 坐标，*.dbf 存储地理数据属性信息的 dBase 表，*.shx 是储存空间数据与属性数据关系的文件，这三个文件是 Shapefile 的基本文件。Shapefile 还可以有其他一些文件，但所有这些文件都与该 Shapefile 同名，并且存储在同一路径下。其他较为常见的文件：*.prj，如果 Shapefile 定义了坐标系统，那么它的空间参考信息将会存储在*.prj 文件中；*.xml 是对 Shapefile 进行元数据浏览后生成的元数据文件；*.cpg 可选文件，指定用于标识要使用的字符集的代码页；*.sbn 和*.sbx 存储的是 Shapefile 的空间索引，它能加速空间数据的读取，这两个文件是在对数据进行操作、浏览或连接后才产生的（刘春等，2016）。创建一个新的 Shapefile 时，必须定义它将包含的要素类型。Shapefile 创建之后这个类型不能被修改。在 ArcCatalog 目录树中，右键单击存放新 Shapefile 的文件夹，选择【新建】>【Shapefile】（图 4-1）。

图 4-1　创建 Shapeflie 文件

在弹出的【创建新 Shapefile】对话框中，设置文件名称和要素类型。要素类型可以通过下拉菜单选择点、折线、面、多点、多面体（图 4-2）。

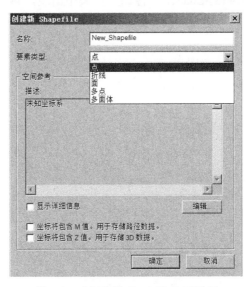

图 4-2　【创建新 Shapeflie】对话框

单击【编辑】按钮，打开【空间参考属性】对话框。定义 Shapefile 的坐标系统，包含地理坐标系和投影坐标系（图 4-3）。

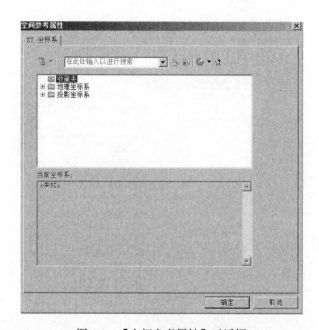

图 4-3　【空间参考属性】对话框

单击【确定】，新建的 Shapefile 将在文件夹中出现，同步加载到内容列表中（图 4-4）。

图 4-4　新建的 Shapefile 文件

4.2　添加和删除属性

新建的 Shapefile 要素类型，软件自动产生的要素属性表，默认三个字段：FID、Shape 和 Id（图 4-5）。FID 为内部标识，Shape 为要素的几何类型，这两个字段用户无法修改，也不能删除；Id 为整数型，可用作用户标识。ArcMap 自动保持一个要素对应一条属性记录的规则，任何要素的有效输入、分解、合并、删除都导致对应属性记录的添加或删除（宋小冬等，2004）。

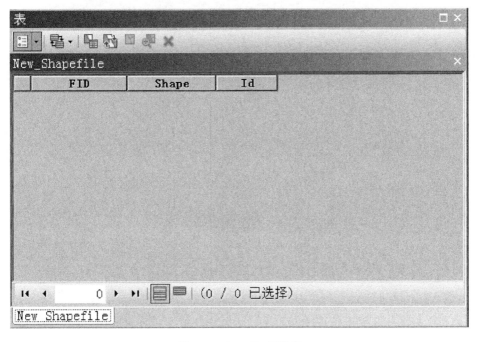

图 4-5　Shapefile 属性表

在 ArcCatalog 目录树中，右键单击需要添加属性的 Shapefile，单击【属性】打开【Shapefile 属性】对话框。进入【字段】选项卡，在"字段名"列中，输入新属性项的名称，在"数据类型"列表框中选择新属性项的数据类型。若需要删除某个字段，则选中该字段，按键盘上的"Delete"键删除所选字段。单击【确定】按钮，完成属性项的添加和删除（图 4-6）。

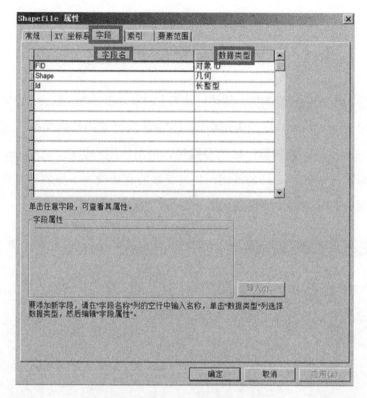

图 4-6 【Shapefile 属性】对话框

4.3 一般编辑过程

在主菜单中选择【自定义】>【工具条】>【编辑器】来调出编辑器工具栏 [图 4-7 (a)]。也可以在标准按钮条中单击 ⊞ 按钮，调出编辑器工具栏 [图 4-7 (b)]。编辑器工具栏从左到右依次为编辑工具、编辑注记工具、直线段、端点弧段、追踪、点、编辑折点、整形要素工具、裁剪面工具、分割工具、旋转工具、属性、草图属性、创建要素 (图 4-7)。

单击【开始编辑】，进入编辑状态。在地图窗口右侧会出现【创建要素】窗口 (图 4-8)。

选择菜单【编辑器】>【停止编辑】，表示结束要素类的编辑，会出现"是否保存"的提示。若单击"是"，编辑的结果被持久保存；若单击"否"，放弃编辑，恢复到编辑开始前的状态。

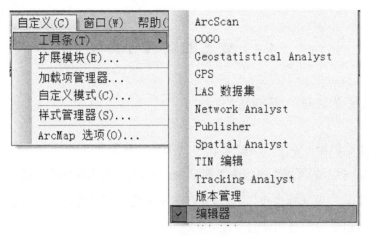

(a) 通过工具条调用"编辑器"

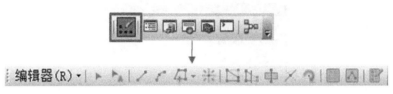

(b) 通过图标调用"编辑器"

图 4-7　调用编辑器

图 4-8　【创建要素】对话框

4.4　要素的输入与编辑

4.4.1　点要素的输入与编辑

　　单击【编辑器】＞【开始编辑】，在【创建要素】窗口选择"New_Shapefile"。"构造工具"栏中的"点"表示输入要素为点要素，"线末端的点"表示线的端点。在"构造工具"中选择"点"，可以单击鼠标右键选择【绝对 X、Y】，通过输入经度、纬度值来确定点的位置（图4-9）。

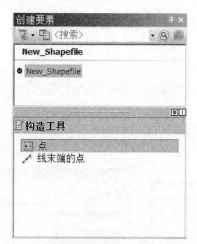

(a)【创建要素】对话框（点要素）

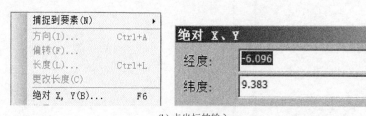

(b) 点坐标的输入

图 4-9　点要素的输入与编辑

4.4.2　线要素的输入与编辑

　　每个线要素都由折点坐标控制。折点分为三种：起点、中间折点、终点。起点和终点也可统称为结点、端点。在编辑器工具栏中选择【编辑器】>【开始编辑】。在"构造工具"中有线、矩形、圆形、椭圆和手绘五种选择（图 4-10）。

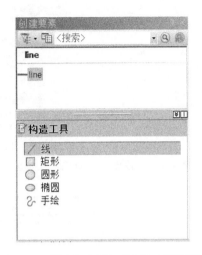

图 4-10　【创建要素】对话框（线要素）

在构造工具中单击"线"，就开始输入线要素，第一次单击左键则输入线的起点，双击左键输入终点。可以通过已知相对坐标输入线要素（图 4-11）。

图 4-11　输入普通折线

在输入线要素时如果已知折点的坐标值，可以单击右键，弹出菜单，选择"绝对 X、Y"，在对话框中输入 X、Y 坐标的绝对值，即可完成折点要素的输入（图 4-12）。

在输入线要素时，如果已知下一个折点对于上一个点的相对坐标值，就可以单击右键，在弹出的菜单中选择"增量 X、Y"，在对话框中输入 X、Y 坐标的增量值，即可完成折点要素的输入（图 4-13）。

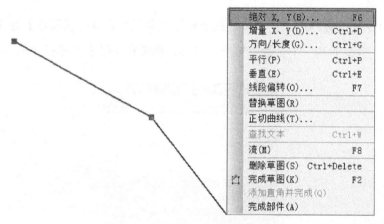

图 4-12　已知绝对坐标输入线要素

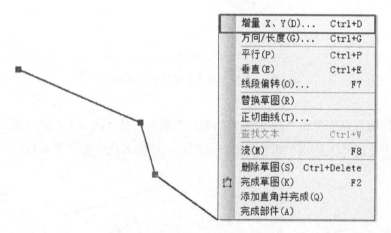

图 4-13　已知相对坐标输入线要素

在输入线要素时，如果已知下一个折点相对于上一个点的方向、长度变化，就可以单击右键，在弹出的菜单中选择"方向/长度"，在对话框中输入方向角度值和长度值，即可完成折点要素的输入（图 4-14）。

4.4.3　面要素的输入与编辑

在编辑器工具栏中选择【编辑器】＞【开始编辑】。在"构造工具"中有面、矩形、圆形、椭圆、手绘、自动完成面和自动完成手绘七种选择（图 4-15）。

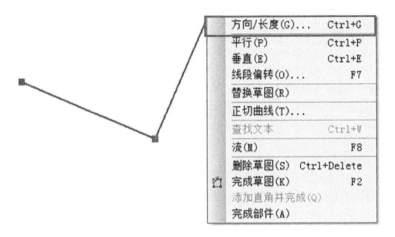

图 4-14　已知方向和长度输入线要素

图 4-15　多边形要素的输入与编辑

在构造工具中选择"面"，就可以输入多边形要素。第一次单击左键输入边界线的起点，双击左键结束，终点自动和起点汇合，完成单个多边形的构建（图 4-16）。

假设地图中已经存在一个或多个多边形，在"构造工具"中选择"自动完成面"工具，开始输入相邻多边形，相邻多边形共享边不需要输入（图 4-17）。

对于要建岛的情况，首先可以输入一个多边形（多边形 1），再输入岛（多边形 2），然后在"构造工具"中选择"自动完成面"或者"自动完成手绘"，输入相邻多边形（多边形 3）（图 4-18）。

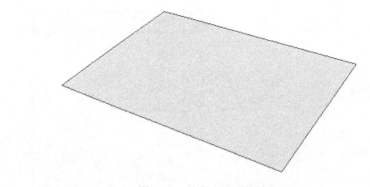

图 4-16　单个多边形的输入

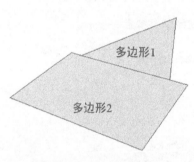

图 4-17　相邻多边形的输入　　　　　图 4-18　相邻多个多边形的输入

4.4.4　要素的删除

在编辑器工具栏中单击【编辑工具】，单击某要素，该要素被选中，按 Delete 键，该要素被删除。利用键盘上的 Shift 键，可以同时选择多个要素，再按 Delete 键，进入选择集的多个要素将被同时删除。在主菜单中选择【编辑】＞【撤销删除要素】，最近被删除的要素得到恢复。

第 5 章

点、线、面要素的高级编辑

5.1　捕　捉　功　能

为了使要素的折点精确定位，需要利用捕捉功能，使不同要素之间准确连接。选择【编辑器】工具条上的菜单，展开后选择【捕捉】>【捕捉工具条】，在随后弹出的捕捉工具条中下拉展开【捕捉】菜单，选择【使用捕捉】就启动了捕捉功能（图 5-1）。

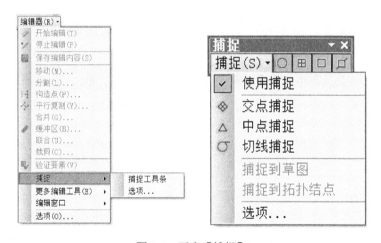

图 5-1　开启【捕捉】

在捕捉工具条上下拉展开【捕捉】菜单，选择【选项】，出现【捕捉选项】对话框，可修改"容差"值。容差就是捕捉距离，以显示器的当前屏幕像素为基本单位。如果设置容差为 10，捕捉半径就是 10 个显示像素。实际操作时，可以根据需要调整（图 5-2）。

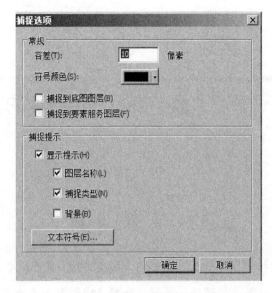

图 5-2 【捕捉选项】对话框

5.2 线要素的高级编辑

5.2.1 改变线要素的形状

在编辑器工具条中单击【编辑工具】，选中某个线要素，再次双击左键，显示出该要素的所有端点、中间折点，还会弹出一个编辑折点工具条（图 5-3）。

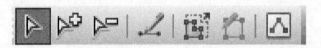

图 5-3 编辑折点工具条

选择【编辑工具】用鼠标双击线要素，可以看到该要素的所有端点、折点显示出小方块，软件自动弹出编辑折点工具条。将光标移动到要调整的折点，用左键拖动该折点到新位置，松开左键，实现折点位置的移动。移动折点时，单击右键，在弹出的快捷菜单中选择【移动至】，在弹出对话框中输入绝对坐标值，就可以将该折点移动到指定的坐标位置（图 5-4）。

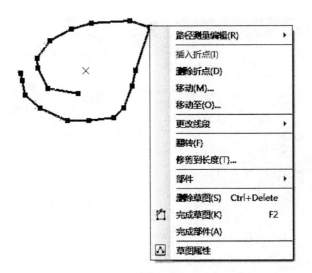

图 5-4　移动折点

选择【编辑工具】用鼠标双击线要素，可以看到该要素的所有端点、折点显示出小方块，软件自动弹出编辑折点工具条。将光标移动到线段的某部分，单击编辑折点工具条上的【插入折点】图标，在入选线要素上单击左键，实现折点的插入。单击编辑折点工具条上的【删除折点】图标，在入选的线要素上单击对应折点，实现折点的删除。

5.2.2　线要素的复制、分割、合并

用【编辑工具】选择需要复制的线要素，选择菜单【编辑器】>【平行复制】，出现对话框（图 5-5）。可以输入要偏移的距离、选择平行复制的方向、选择复制后的拐角形式。

用【编辑工具】选择要打断的线要素，选择菜单【编辑器】>【分割】（图 5-6）。可以按照距离、分成相等部分、百分比等几种方式进行分割。

用【编辑工具】选择要打断的线要素，在编辑器工具栏中选择分割工具 ，在需要打断的位置单击左键，该要素被分成两段。

借助键盘上的 Shift 键，用【编辑工具】选择多个要素，选择菜单【编辑器】>【合并】，出现合并对话框，可以实现要素的合并（图 5-7）。

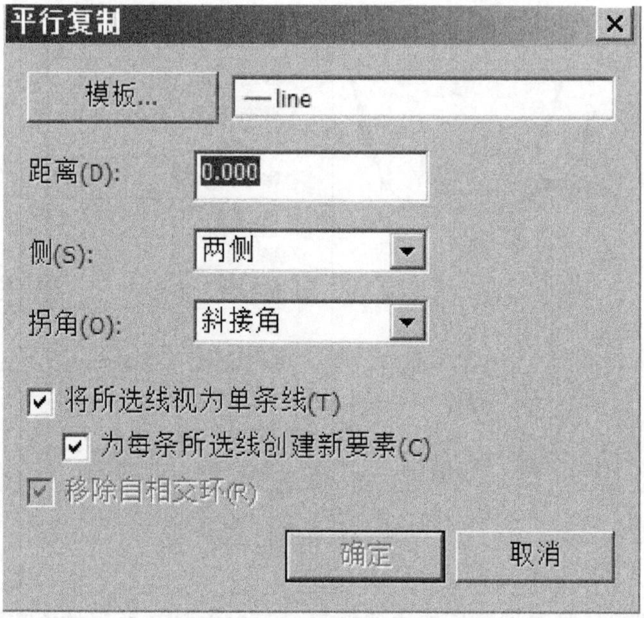

图 5-5　【平行复制】对话框

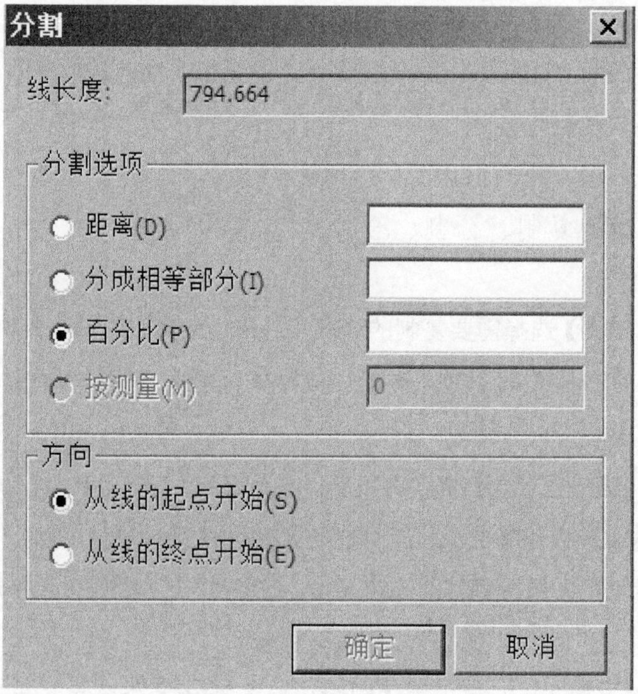

图 5-6　【分割】对话框

图 5-7　【合并】对话框

　　单击【编辑器】>【更多编辑工具】>【高级编辑】，调出高级编辑工具栏。用【编辑工具】选择需要复制的线要素，在高级编辑工具条中单击"复制要素工具"，将光标移动到需要复制的位置，单击左键，出现复制要素对话框，选择需要复制到的指定图层，单击【确定】，进入选择集的要素被复制。单击"内圆角工具"，再先后单击需要加内圆角的两个线要素，此时移动光标可以改变圆角的半径大小，键盘上按"R"键，随即在出现的对话框中输入半径值，然后单击【确定】生效。用【编辑工具】选择需要延伸到的边界线，在高级编辑工具条中选择"延伸工具"，再单击需要延长的线要素，该线就延伸到指定边界。用【编辑工具】选择需要剪切的参考线，在高级编辑工具条中选择"修剪工具"，单击需要修剪的线要素，过长的出头线被剪切至参照线的边界。输入若干条相互交叉的线，使用【编辑工具】，借助 Shift 键，使它们进入选择集。单击高级编辑工具条上的工具出现【打断相交线】对话框，输入容差，单击【确定】，可看出选择集内相互交叉的线在交点处被打断，产生新的端点。借助【合并】功能，可将打断的线再合并起来。用【编辑工具】选择需要移动的要素，选择菜单【编辑器】>【移动】，在弹出的对话框中输入相对坐标值，要素就按输入的坐标值移动相应的距离（图 5-8）。

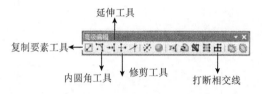

图 5-8 【高级编辑】工具栏

5.3 多边形要素的高级编辑

5.3.1 改变多边形要素的形状

如果需要调整多边形形状，用【编辑工具】在某多边形内部双击鼠标，可以看到该多边形边界的所有端点、折点都以小方块形式显示出来，表示该要素的所有折点都进入调整状态，按照要求可以进行节点增加、删除等操作（图 5-9）。

图 5-9 多边形要素形状改变

单击【编辑工具】，选中需要变形的多边形，在编辑器工具栏中选择【修整要素工具】，在图形窗口绘制一条草图线，双击左键完成图形修改（图 5-10 和图 5-11）。

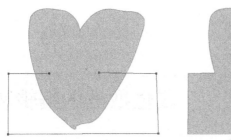

图 5-10　草图的两个端点位于多边形内部时多边形的形变

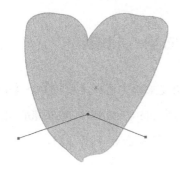

图 5-11　草图的两个端点位于多边形外部时多边形的形变

5.3.2　多边形要素分割

单击【编辑工具】，在地图窗口中选择需要分割的多边形要素，在【编辑器】工具栏中选择【裁剪面工具】，绘制分割线，单击右键在弹出的菜单中选择【完成草图】，原始的多边形被分为两个多边形（图 5-12）。

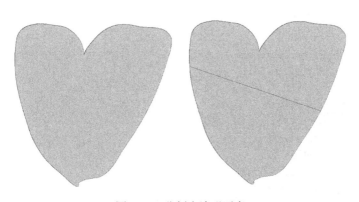

图 5-12　分割多边形要素

第6章

属性数据的编辑和使用

6.1　属性数据的输入和编辑

单击【目录】找到文件夹"data6"，快捷菜单中选择【新建】>【dBASE 表】（图 6-1），该路径下出现一个新表，默认名为 New_dBASE_Table.dbf，继续用右键单击该表名，选择【重命名】可以对该表进行重命名（图 6-2）。

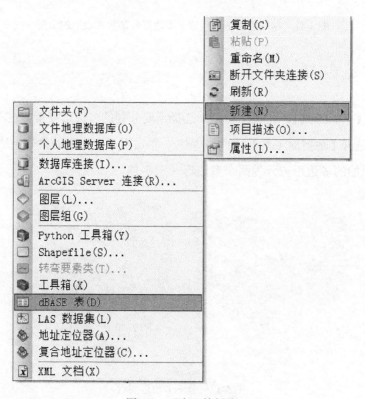

图 6-1　"表"的新建

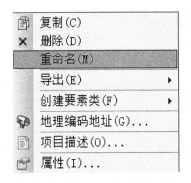

图 6-2　"表"的重命名

　　打开属性表，为属性表添加字段，但是注意一定要在停止编辑的状态下添加字段，如图 6-3 所示，开始编辑状态下"添加字段"为灰色，只有停止编辑才可以添加字段。字段类型包括短整型、长整型、浮点型、双精度、文本、日期（图 6-4）。但是如果想编辑属性表的数据则必须单击【开始编辑】。运用【选择工具】单击要编辑的数据框，可以对数据进行编辑。选中属性表中需要删除的字段，被选中的记录会高亮显示，单击右键在弹出的快捷菜单中选择【删除字段】就可以删除想要删除的字段（图 6-5）。

图 6-3　添加字段界面

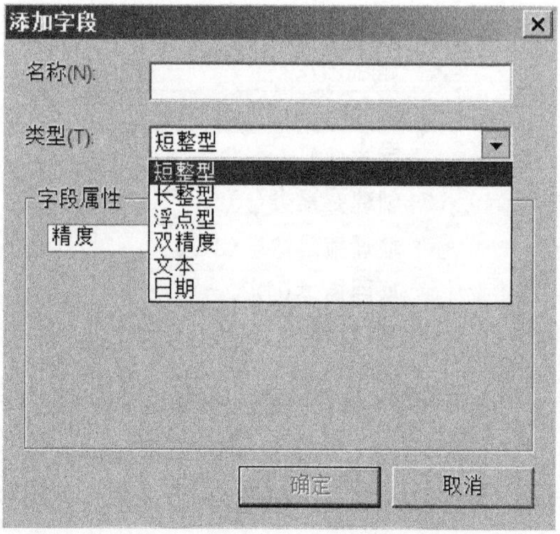

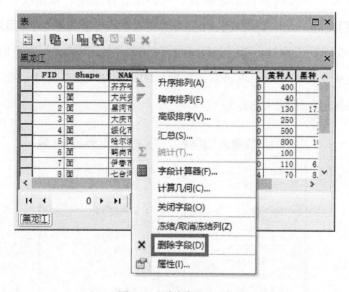

图 6-4　【添加字段】对话框

图 6-5　删除字段界面

　　打开【编辑器】>【开始编辑】，进入可编辑状态，可以为表添加记录。用【编辑工具】选中属性表中需要删除的数据记录，被选中的记录会高亮显示，直接按键盘上的 Delete 键就可以删除记录。也可以通过 Shift 键选择多条记录然后进行多条记录的删除（图 6-6）。编辑完成后，在工具条中单击【编辑器】>【保存编辑】就可以对编辑的内容进行保存。

图 6-6 删除记录界面

6.2 字段的显示、计算与赋值、查询

6.2.1 字段的显示

打开数据"黑龙江"（这个数据并不是软件自带的，这里仅为操作演示用，读者可以根据需要选择相应数据），右键单击图层名"黑龙江"，选择【属性】，进入【字段】选项卡，再单击上部下拉菜单【选项】，勾选"显示字段名称"（图 6-7）。

6.2.2 字段的计算与赋值

若想进一步计算线要素的长度或者面要素的周长和面积等，可以通过字段的运算来实现。打开【编辑器】＞【停止编辑】，在需要计算的字段上单击右键，选择【计算几何】，可以实现面积、周长、质心的 X 坐标、质心的 Y 坐标的计算。同时可以单击升序排列和降序排列对数据进行排序（图 6-8）。

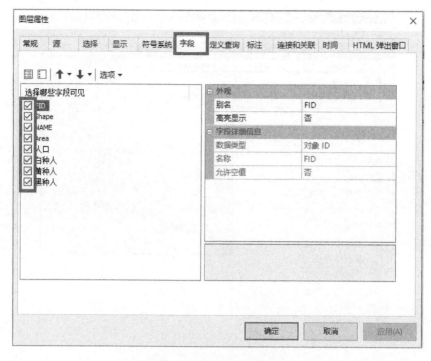

图 6-7　字段的显示设置

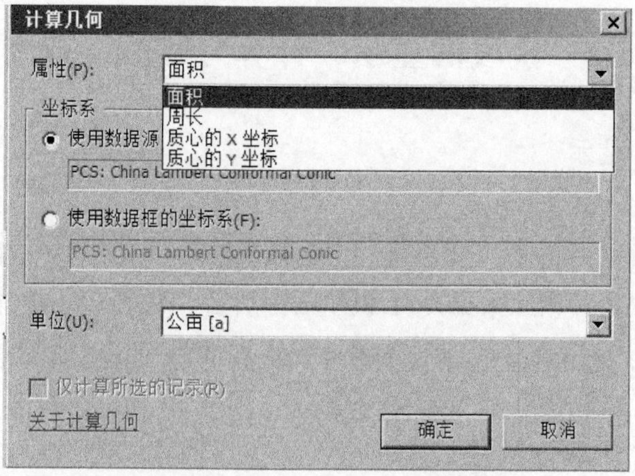

图 6-8　【计算几何】对话框

　　若要使新的面积为原面积的 0.8 倍，新建一个字段命名为"New_area"，用右键单击字段"New_area"，选择快捷菜单【字段计算器】，出现对话框。输入"[Area]*0.8"，单击【确定】实现面积的计算（图 6-9）。

图 6-9　【字段计算器】对话框

6.2.3　字段的简单查询

启动 ArcGIS，打开地图文档"黑龙江.mxd"，单击图层名"黑龙江"，选择"打开属性表"。选择【按属性选择】，弹出【按属性选择】对话框（图 6-10），上部有"方法"下拉菜单。例如：要把哈尔滨市从黑龙江省中选取出来，通过在"方法"菜单中选择"从当前选择内容中选择"，在对话框中输入"NAME"='哈尔滨市'，则实现了对"哈尔滨市"的选取（图 6-11）。

图 6-10　【按属性选择】对话框

FID	Shape *	NAME	Area	New area
0	面	齐齐哈尔	39021.2	31217
1	面	大兴安岭	59437.5	47550
2	面	黑河市	62676.3	50141.1
3	面	大庆市	19202.7	15362.2
4	面	绥化市	31502.5	25202
5	面	哈尔滨市	48483.4	38786.8
6	面	鹤岗市	13405.2	10724.2
7	面	伊春市	30320.7	24256.6
8	面	七台河市	5526.4	4421.1
9	面	鸡西市	20220.3	16176.3
10	面	双鸭山市	19839.8	15871.9
11	面	佳木斯市	29900.6	23920.5
12	面	牡丹江市	36068.2	28854.6

图 6-11　选择结果图

6.3　表的统计、连接与超链接

6.3.1　字段的简单统计

打开数据"黑龙江"的图层属性表，用右键单击字段名"Area"，在弹出的快捷菜单中选择"统计"，会得到最小值、最大值、总和、平均值和标准差等简单统计结果（图 6-12）。

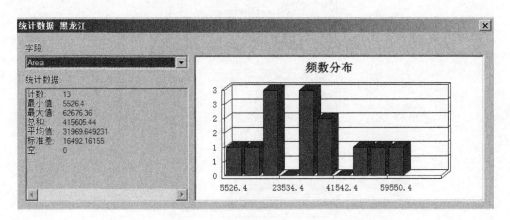

图 6-12　【统计数据 黑龙江】对话框

6.3.2　生成统计图表

单击左上角【表】选项菜单，选择【创建图表】，出现【创建图表向导】对话框，可以进一步选择图表类型，包括散点图、箱形图、泡状图、极坐标和饼图，【表选项】菜单如图 6-13 所示，【创建图表向导】对话框如图 6-14 所示。

图 6-13　创建图表　　　　　图 6-14　【创建图表向导】对话框
　　　界面

6.3.3　表的连接

打开数据"黑龙江"，在图层上单击右键，选择【连接和关联】＞【连接】（图 6-15），可以实现数据与其他表的连接，具体连接数据可以通过【连接数据】对话框进行设置（图 6-16）。如果想取消表的连接可以单击【移除连接】（图 6-15）。

6.3.4　超链接

打开数据"黑龙江"的图层属性表，筛选出"NAME=哈尔滨"的记录，选择

图 6-15　表的【连接】和【移除连接】

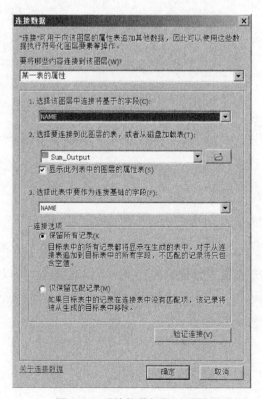

图 6-16　【连接数据】对话框

左上角【表选项】＞【添加字段】（名称：picture。类型：文本。长度：400）。为"picture"字段输入路径和图像文件名：E：\中央大街.jpg，停止编辑。在数据"黑龙江"上单击右键，打开【图层属性】对话框，单击【显示】选项卡（图 6-17）。在基本工具条中选择【超链接】，再到地图上单击多边形，软件将调用 Windows 默认的应用程序打开该图片文件，显示图像（图 6-18）。

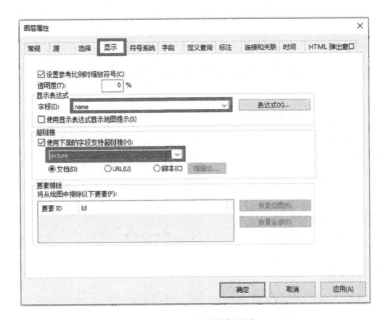

图 6-17　显示设置界面

图 6-18　超链接结果

第7章

要素的显示

7.1　矢量数据的分类显示

7.1.1　按等级分类显示

数据"road"包含主要路、铁路、高等级公路、高速公路等不同类别的路。用右键单击"road"＞【属性】，打开【图层属性】对话框，单击【符号系统】选项卡，选择【类别】＞【唯一值】，"值字段"下拉菜单中选择"类型"，可以在右侧的色带中选择颜色（图7-1），单击【添加所有值】，然后单击【确定】，完成道路按等级的分类显示（图7-2）。

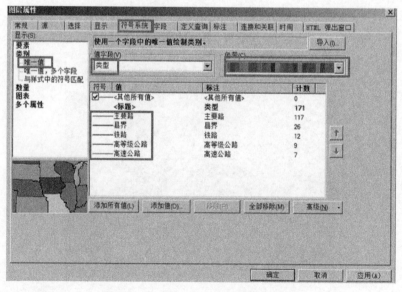

图 7-1　按"唯一值"的分类显示设置

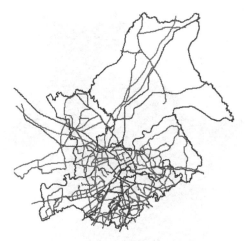

图 7-2 按"唯一值"的分类显示

打开数据"哈尔滨七区",在数据上单击右键,选择【属性】,打开【图层属性】对话框,单击【符号系统】选项卡,选择【类别】>【唯一值,多个字段】,在"值字段"下拉菜单中选择"所属区",在第二个框内下拉菜单中选择"类型",第三个框内下拉菜单中选择"无"。在对话框下方单击按钮"添加所有值"(图 7-3)。可以在右侧的色带中选择颜色,然后单击【确定】,完成城镇按所在区和类型进行分类显示(图 7-4)。

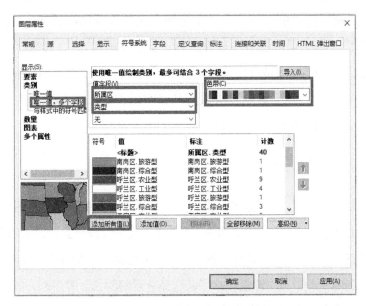

图 7-3 按"唯一值,多个字段"的分类显示设置

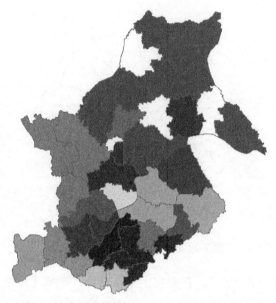

图 7-4　按"唯一值，多个字段"的分类显示

7.1.2　按分级色彩显示

数据"黑龙江"包含 13 个市的人口数量数据。右键单击"黑龙江"＞【属性】，打开【图层属性】对话框，单击【符号系统】选项卡，选择【数量】＞【分级色彩】，在"字段"的"值"下拉菜单中选择"人口"，可以在右侧"分类"中选择要分为几级，在下面的色带中选择颜色，单击【确定】，完成按"人口数量"的分级色彩显示设置（图 7-5）。点开"分类"，可以按照手动、相等间隔、定义的间隔、分位数、自然间断点分级法、几何间隔和标准差七种分类方法进行分类（图 7-6）。分类结果如图 7-7 所示。

7.1.3　按分级符号显示

打开数据"黑龙江"，在数据上单击右键，单击【属性】打开【图层属性】对话框，单击【符号系统】选项卡，选择【数量】＞【分级符号】，在"字段"的"值"下拉菜单中选择"人口"。可以在右侧"分类"中选择要分为几级，在右侧"模板"中可以选择符号类型，在"背景"中可以选择背景的颜色（图 7-8），单击【确定】，完成按"人口数量"的分级符号显示（图 7-9）。

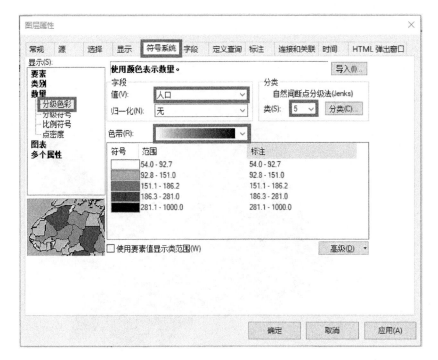

图 7-5　按"分级色彩"的分类显示设置

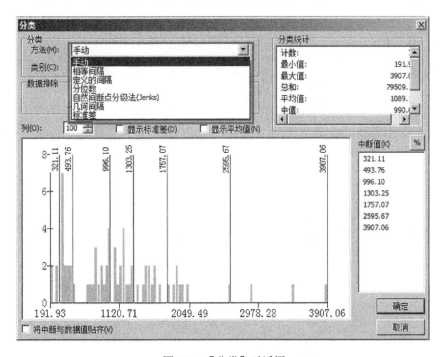

图 7-6　【分类】对话框

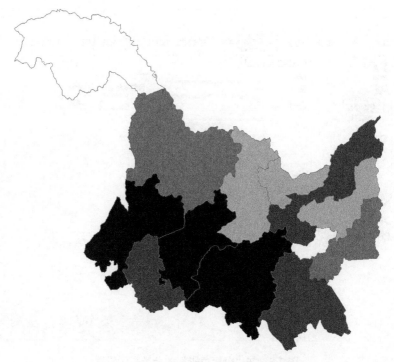

图 7-7　按"人口数量"的分级色彩显示

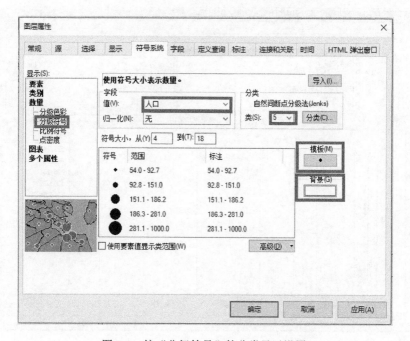

图 7-8　按"分级符号"的分类显示设置

图 7-9　按"人口数量"的分级符号显示

7.1.4　按归一化分类显示

　　用右键单击数据"黑龙江">【属性】，打开【图层属性】对话框，单击【符号系统】选项卡，选择【数量】>【分级色彩】，在"字段"的"值"下拉菜单中选择"人口"，归一化字段选择"Area"，可以在右侧"分类"中选择要分为几级，在下面的色带中选择颜色（图 7-10），单击【确定】，完成按"人口数量"除以"面积"按"归一化"分级显示（图 7-11）。

7.1.5　按点密度分类显示

　　进入【图层属性】对话框，单击【符号系统】选项卡，选择【数量】>【点密度】，在"字段选择"框内，选择字段名"人口"，单击按钮【>】，右侧表格中出现字段名"人口"，以及对应的符号，双击该符号，进入"符号选择器"对话框，可以通过调节下面的点值来设定每个点代表的数量多少（图 7-12），按"点密度"分类显示如图 7-13 所示。

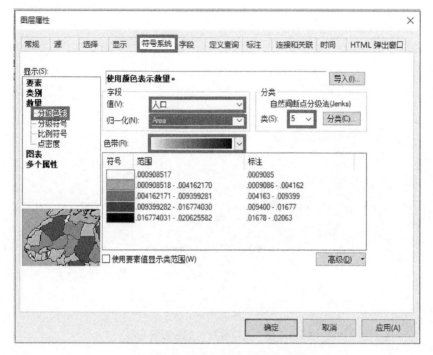

图 7-10 按"归一化"的分类显示设置

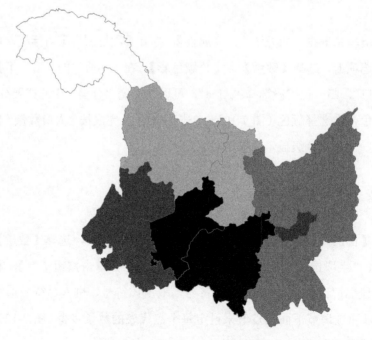

图 7-11 按"归一化"分类显示

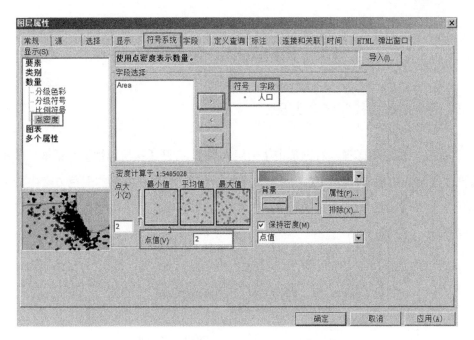

图 7-12 按 "点密度" 的分类显示设置

图 7-13 按 "点密度" 分类显示

7.2　栅格数据的分类显示

7.2.1　栅格数据按等级分类显示

加载一幅遥感影像，右键单击【图层属性】，打开【图层属性】对话框，单击
【符号系统】选项卡，选择【显示】>【唯一值】，可以在右侧的配色方案中选择
颜色，单击【添加所有值】（图 7-14），然后单击【确定】，完成栅格数据按等级的
分类显示（图 7-15）。

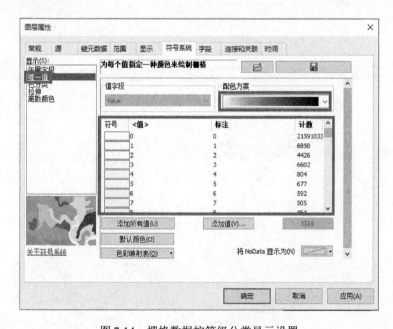

图 7-14　栅格数据按等级分类显示设置

7.2.2　栅格数据分类显示

加载一幅遥感影像，右键单击【图层属性】，打开【图层属性】对话框，单击
【符号系统】选项卡，选择【显示】>【已分类】，可以在右侧的色带中选择颜色，
可以根据需要将类别分为 N 类（这里我们选择分为 5 类，如图 7-16 所示），然后
单击【确定】，完成栅格数据按 DN 值的分类显示（图 7-17）。

图 7-15　栅格数据按等级分类显示

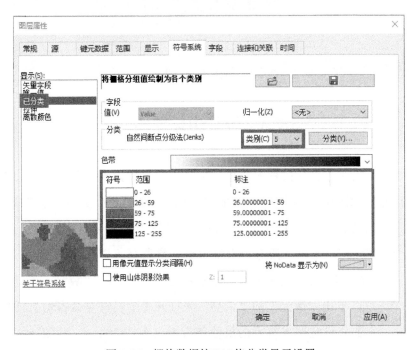

图 7-16　栅格数据按 DN 值分类显示设置

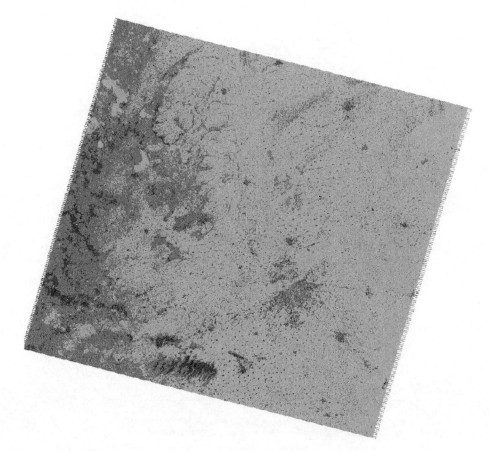

图 7-17　栅格数据分类显示

7.3　统计指标地图

　　数据"黑龙江"包括白种人数量、黄种人数量和黑种人数量，若想把三个人种的比例在地图中显示出来可以通过统计指标地图来实现。进入【图层属性】对话框，单击【符号系统】选项卡，再选择【图表】>【饼图】/【条形图/柱状图】/【堆叠图】。在"字段选择"框内选择字段名"白种人""黄种人""黑种人"，单击按钮【>】，右侧表格中出现字段名"白种人""黄种人""黑种人"（图 7-18）。可以单击"属性"和"大小"来打开【图表符号编辑器】（图 7-19）和【饼图大小】来设定图表符号的属性和大小（图 7-20）。三种统计指标地图如图 7-21 所示。

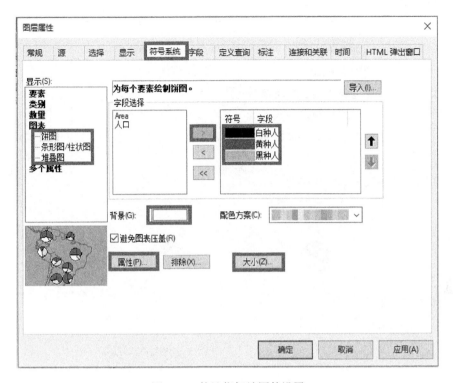

图 7-18　统计指标地图的设置

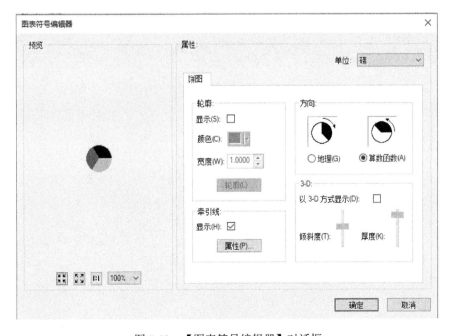

图 7-19　【图表符号编辑器】对话框

图 7-20 【饼图大小】对话框

(a) 柱状图

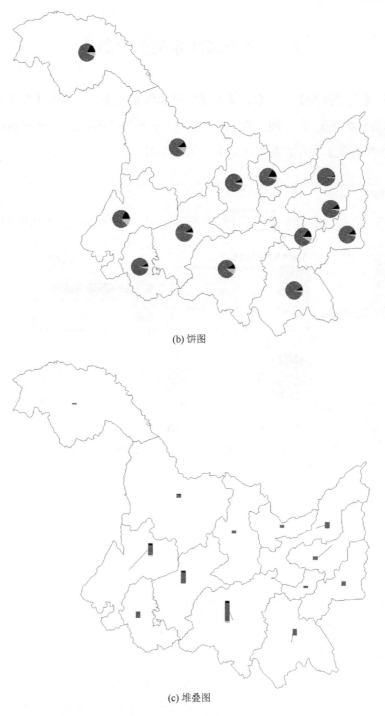

(b) 饼图

(c) 堆叠图

图 7-21　统计指标地图

7.4 多个属性分类图的制作

进入【图层属性】对话框，选择【符号系统】选项卡，单击【多个属性】>
【按类别确定数量】，在中间"值字段"的第一行选择"所属区"，在对话框下方单
击【添加所有值】按钮，所有区名列入（图7-22）。

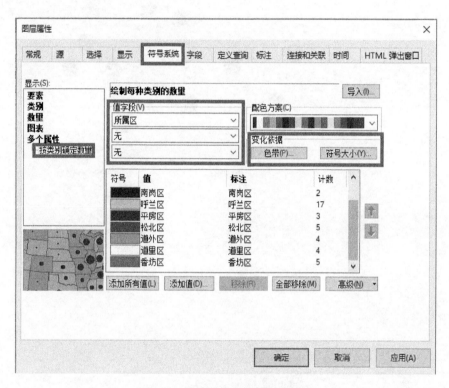

图7-22　按类别确定数量显示设置

单击【色带】按钮，弹出"使用颜色表示数量"，在"字段"的"值"下拉菜单
中选择"人口"（图7-23）。得到的结果图中不同颜色表示不同的区，颜色的深浅表示
人口数量的多少（图7-24）。

单击【色带】按钮，弹出"使用符号大小表示数量"，在"字段"的"值"
下拉菜单中选择"人口"（图7-25）。得到的结果图中不同颜色表示不同的区，不
同的符号大小表示人口数量的多少（图7-26）。

图 7-23　【使用颜色表示数量】对话框

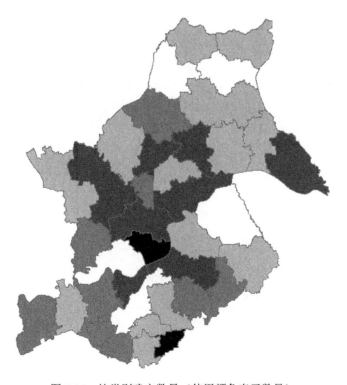

图 7-24　按类别确定数量（使用颜色表示数量）

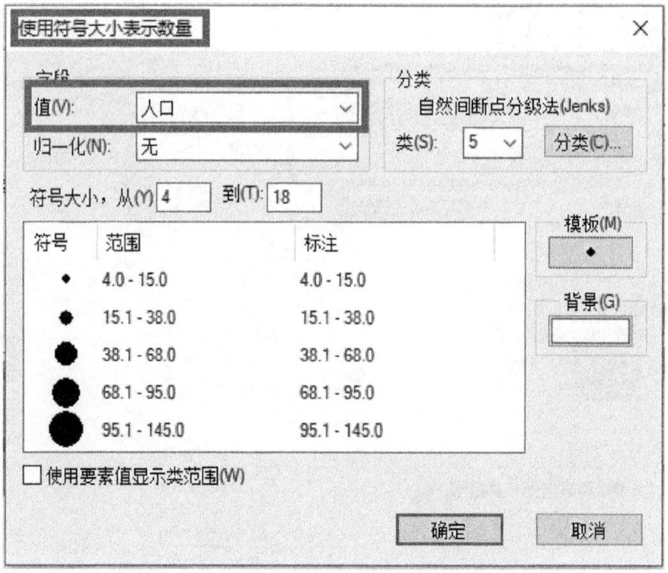

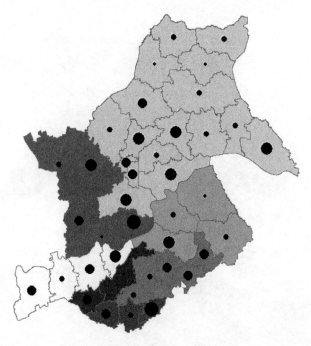

图 7-25　【使用符号大小表示数量】对话框

图 7-26　按类别确定数量（使用符号大小表示数量）

第8章

地图制作与地图页面布局

8.1 符 号 制 作

8.1.1 点符号的制作

在主菜单单击【自定义】，选择【样式管理器】（图 8-1）。在【样式管理器】左侧窗口，展开 Windows 操作系统默认的当前用户路径，窗口左侧出现可编辑的各类样式名称，单击【标记符号】，在右侧窗口中单击右键，然后在弹出的快捷菜单中选择【新建】＞【标记符号】，进入【符号属性编辑器】对话框。

图 8-1 【样式管理器】（标记符号）

在【符号属性编辑器】窗口可以选择要制作的点的类型，包括 3D 标记符号、3D 简单标记符号、简单标记符号、箭头标记符号、图片标记符号和字符标记符号等。可以对点的颜色、样式、大小等进行设置（图 8-2）。若想制作图片标记符号可以在弹出的对话框中选择【图片】，然后连接到图片所在位置（图 8-3）。

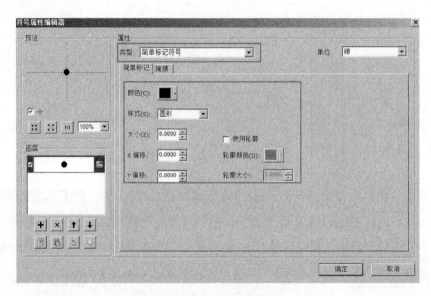

图 8-2　点的制作（简单标记符号）

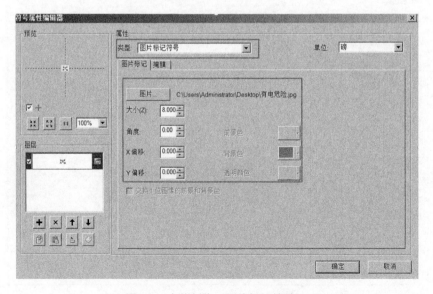

图 8-3　点的制作（图片标记符号）

8.1.2　线符号的制作

在主菜单单击【自定义】，选择【样式管理器】（图 8-4）。在【样式管理器】左侧窗口，展开 Windows 操作系统默认的当前用户路径，窗口左侧出现可编辑的各类样式名称，单击【线符号】，在右侧窗口中单击右键，然后在弹出的快捷菜单中选择【新建】＞【线符号】，进入【符号属性编辑器】对话框。

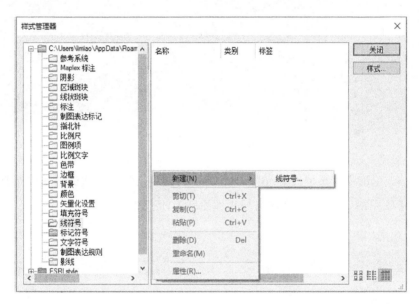

图 8-4　【样式管理器】（线符号）

在【符号属性编辑器】窗口可以选择要制作线的类型，包括 3D 简单线符号、3D 纹理线符号、标记线符号、混列线符号、简单线符号、图片线状符号和制图线符号等。进入"制图线"选项，进一步设置颜色、宽度。进入"线属性"选项，对线属性等进行设置（图 8-5）。

8.1.3　面符号的制作

在主菜单单击【自定义】，选择【样式管理器】（图 8-6）。在样式管理器左侧窗口，展开 Windows 操作系统默认的当前用户路径，窗口左侧出现可编辑的各类

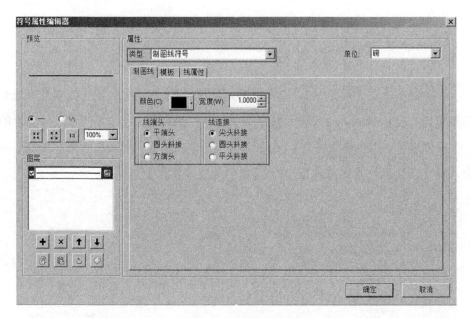

图 8-5　线的制作

样式名称，单击【填充符号】，在右侧窗口中右键单击弹出的快捷菜单中选择【新建】＞【填充符号】，进入【符号属性编辑器】对话框。

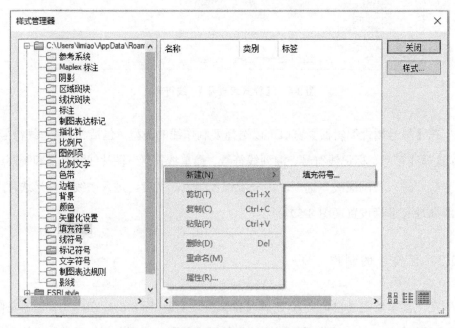

图 8-6　【样式管理器】界面（面符号）

在【符号属性编辑器】窗口可以选择要制作的面的类型，包括 3D 纹理填充符号、标记填充符号、简单填充符号、渐变填充、图片填充符号和线填充符号等（图 8-7）。

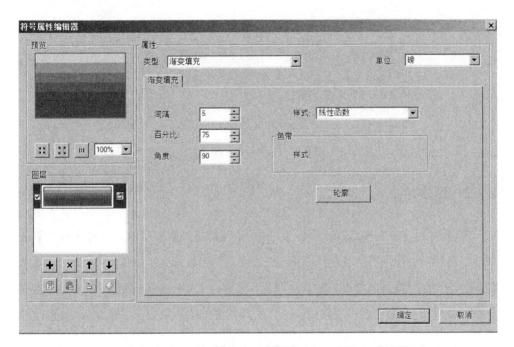

图 8-7　面的制作

8.2　地　图　注　记

8.2.1　文档标注

打开数据"黑龙江"，在主菜单单击【自定义】，选择【工具条】＞【绘图】。单击 **A** 右侧的下拉箭头，有七种标注格式。如果选择【文本】，光标变成"+A"，在地图上要加文本的地方单击光标可以添加文本。双击【文本】可以进入【属性】对话框，对文本的角度、字体大小等进行修改（图 8-8）。

对于河流和道路等可以添加"曲线文本"，需要特殊标注的地方可以选择"注释"。对于面状图形可以选择"多边形文本""矩形文本"或"圆形文本"。

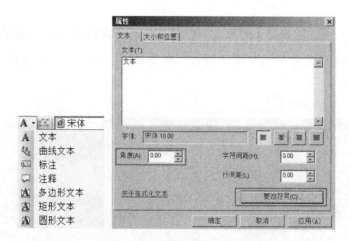

图 8-8　文档标注设置界面

8.2.2　属性标注

在图层上单击右键选择【属性】，打开【图层属性】对话框，选择【标注】选项卡。可以对要标注的字段进行选择，通过文本符号来修改字体和字的大小，在【放置属性】中可以设置重复注记的自动取舍，设置好之后单击【确定】（图 8-9）。然后在图层上单击右键将"标注要素"打上"√"，标注的要素将会在页面显示（图 8-10）。

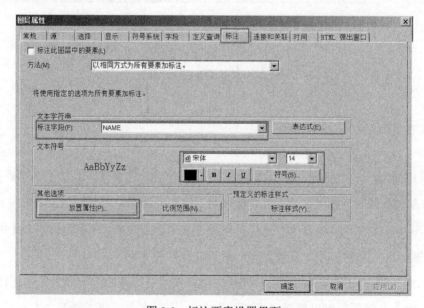

图 8-9　标注要素设置界面

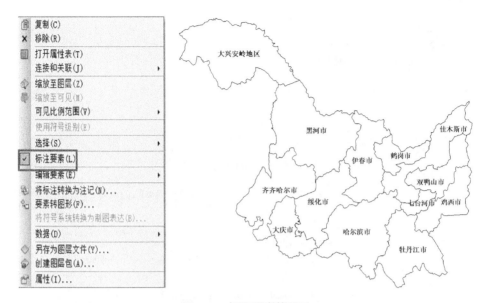

图 8-10　标注要素的显示

　　若想用多种属性来进行标注，可以通过在【标注表达式】中输入要标注内容的表达式来实现多种要素的标注，例如想标注一个城市的名字和城市类型可以用表达式［NAME］+［城市类型］（图 8-11 和图 8-12）。

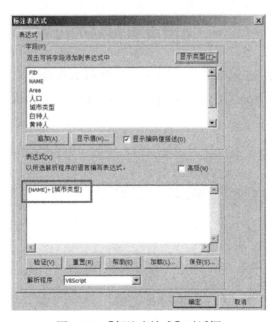

图 8-11　【标注表达式】对话框

图 8-12 多种属性标注显示

图中涉及的城市类型数据仅为了演示作图，并非真实、准确的数据

8.3 地图页面布局的设置

将页面调整为"布局视图"，在工具栏中将展示布局视图工具（图 8-13），从左到右依次为地图放大、地图缩小、地图平移、缩放整个页面、缩放至 100%、固定比例放大、固定比例缩小、返回到上一次显示范围、前进到最后一次显示范围、缩放百分比、切换显示模式、焦点数据框、更改布局和数据驱动界面。

图 8-13 布局视图工具条

8.3.1 插入制图要素

单击主菜单的【插入】，可以插入数据框、标题、文本、动态文本、内图廓线、图例、指北针、比例尺、比例文本、图片和对象。

插入属性表，需要在图层右键单击，打开属性表，单击【将表添加到布局】
（图 8-14）。

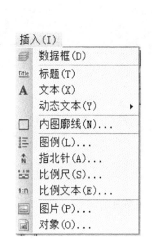

图 8-14　添加属性表界面

在数据框上右键单击【属性】，打开数据框【属性】对话框，进入【格网】选
项卡，单击【新建格网】，打开【格网和经纬网向导】对话框。可以选择建立经纬
网（用经线和纬线分割地图）、方里格网（将地图分割为一个地图单位格网）、参
考格网（将地图分割为一个用于索引的格网）（图 8-15）。

在主菜单窗口单击【视图】选择【图表】来创建图表，在创建好的图表上单
击右键可以将创建好的图表添加到地图（图 8-16）。同理，在主菜单窗口单击【视
图】选择【报表】来创建报表，在创建好的报表上单击右键可以将创建好的报表
添加到地图（图 8-17）。

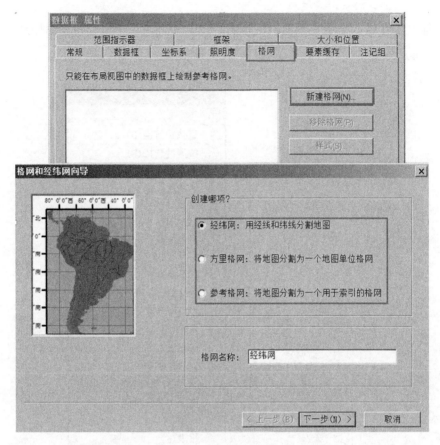

图 8-15　插入格网界面

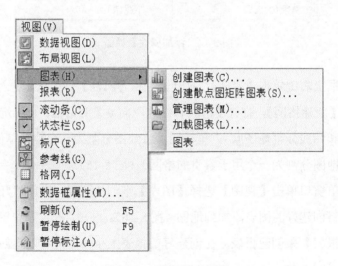

图 8-16　添加图表界面

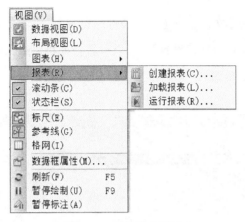

图 8-17　添加报表界面

8.3.2　数据框与页面设置

在地图制图中，地图全图显示的同时也希望能够显示局部放大图，在方便查看地物空间位置的同时，也能查看地物具体的相对位置。单击主菜单的【插入】>【数据框】，将新建数据框重命名，选定图层数据框中所有数据，右键选择【复制】，鼠标移至新数据框，右键选择【粘贴】。激活新建数据框，对局部进行放大，再切换为布局视图。在视图中，选择新数据框，调整大小后拖拽至合适位置。

在数据框上单击右键选择【属性】，打开【数据框属性】对话框，可以对地图的边框、背景和下拉阴影等进行设置（图 8-18）。

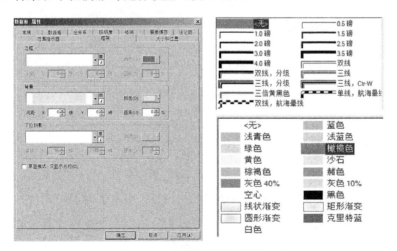

图 8-18　【数据框属性】设置界面

单击主菜单上的【文件】＞【页面和打印设置】，或者直接在布局视图的空白处单击右键显示【页面和打印设置】，可以设置打印机、纸张的大小和方向、页面的高度和宽度等（图 8-19）。

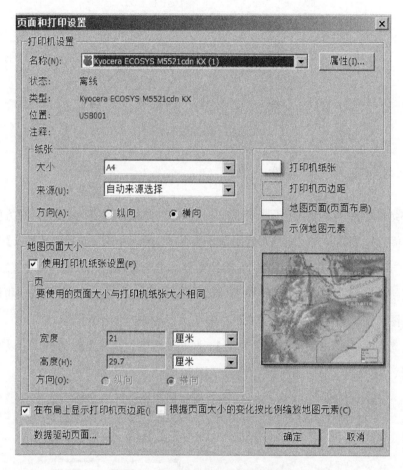

图 8-19　【页面和打印设置】对话框

8.3.3　打印与输出设置

通过单击主菜单的【文件】＞【打印】可以进行打印设置和地图的打印（图 8-20）。通过导出电子版的地图，可以对地图的分辨率、高度、宽度、文件名和保存类型进行设置（图 8-21），输出结果如图 8-22 所示。

图 8-20　打印和导出地图

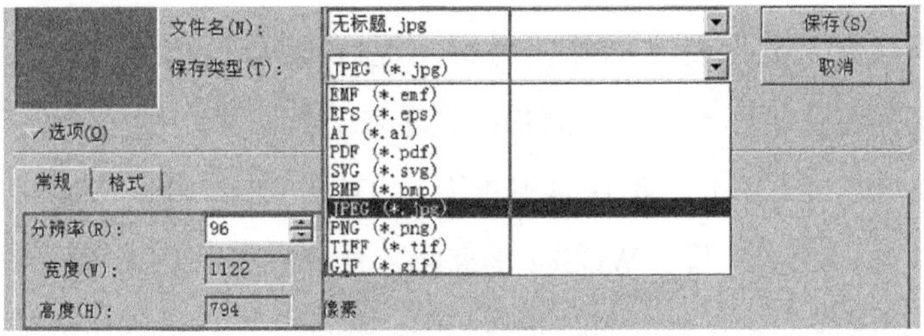

图 8-21　打印与输出设置

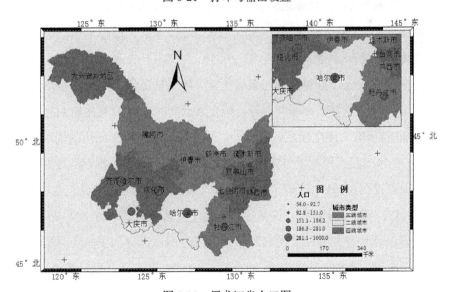

图 8-22　黑龙江省人口图

图中涉及的数据仅为了演示作图，并非真实、准确的数据

第9章

坐标系的定义与变换

地理坐标系（geogrpahic coordinate system，GCS）使用基于经纬度坐标的坐标系统描述地球上某一点所处的位置，某一个地理坐标系是基于一个基准面来定义的。基准面是利用特定椭球体对特定地区地球表面的逼近，因此每个国家或地区均有各自的基准面。ArcGIS 中建立了我国常用的三个地理坐标系：GCS_BEIJING1954（基于北京 1954 基准面）、GCS_XIAN1980（基于西安 1980 基准面）、GCS_WGS1984（基于 WGS84 基准面）（沈晓丽等，2010；袁春桥等，2007）。中华人民共和国成立初期，受当时条件所限，我国并没有按照参考椭球体定位理论，独立建立适合我国具体要求的参考椭球体及其大地坐标系统。自 20 世纪 50 年代一直沿用到 20 世纪 70 年代的 1954 年坐标系，是以从当时苏联引进的克拉索夫斯基椭球体为参考椭球建立的（顾燕，2004）。经过几十年的实践证明，使用克拉索夫斯基椭球体，已经不能很好地满足我国大地测量工作的要求。1978 年 4 月，全国天文大地网平差会议在西安召开，确定重新定位，建立我国新的坐标系，为此有了 1980 年国家大地坐标系。1980 年，国家大地坐标系所采用的地球椭球基本参数为 1975 年国际大地测量与地球物理联合会第十六届大会推荐的数据。该坐标系的大地原点设在我国中部的陕西省泾阳县永乐镇，位于西安市西北方向约 60 公里，故称 1980 年西安坐标系，又简称西安大地原点（王斌，2018）。WGS84 是为 GPS 全球定位系统使用而建立的坐标系统，通过遍布世界的卫星观测站观测到的坐标建立，起初 WGS84 的精度为 1～2m，在 1994 年 1 月 2 号，通过 10 个观测站在 GPS 测量方法上改正，得到了 WGS84（G730），G 表示由 GPS 测量得到，730 表示为 GPS 时间第 730 个周（杨金华，2012；李坚，2011；郭堃，2011）。投影坐标系使用基于 X、Y 值的坐标系统来描述地球上某个点所处的位置。这个坐标系是从地球的近似椭球体投影得到的，它对应于某个地理坐标系。投影坐标系由地理坐标系（由基准面确定，如北京 54、西安 80、WGS84）和投影方法［如高斯-克吕格、Lambert 投影、UTM（universal transverse mercator）投影］组成。

9.1　定　义　投　影

在主菜单单击【插入】>【数据框】，插入一个新的数据框。在数据框上右键单击【属性】，打开【数据框属性】对话框，可以看到当前坐标系显示的是"无坐标系"（图 9-1），添加数据"黑龙江.shp"，会弹出对话框提示"未知的空间参考"（图 9-2）。

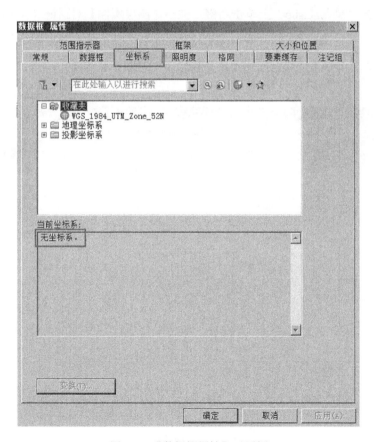

图 9-1　【数据框属性】对话框

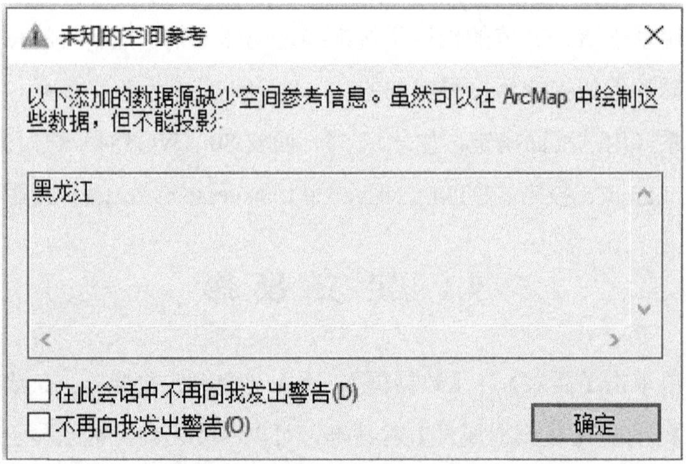

图 9-2 【未知的空间参考】对话框

在数据"黑龙江.shp"上单击右键，弹出【图层属性】对话框（图 9-3），当前坐标系显示"＜未定义＞"，单击【ArcToolbox】选择【数据管理工具】＞【投影和变换】＞【定义投影】，打开【定义投影】对话框（图 9-4）。

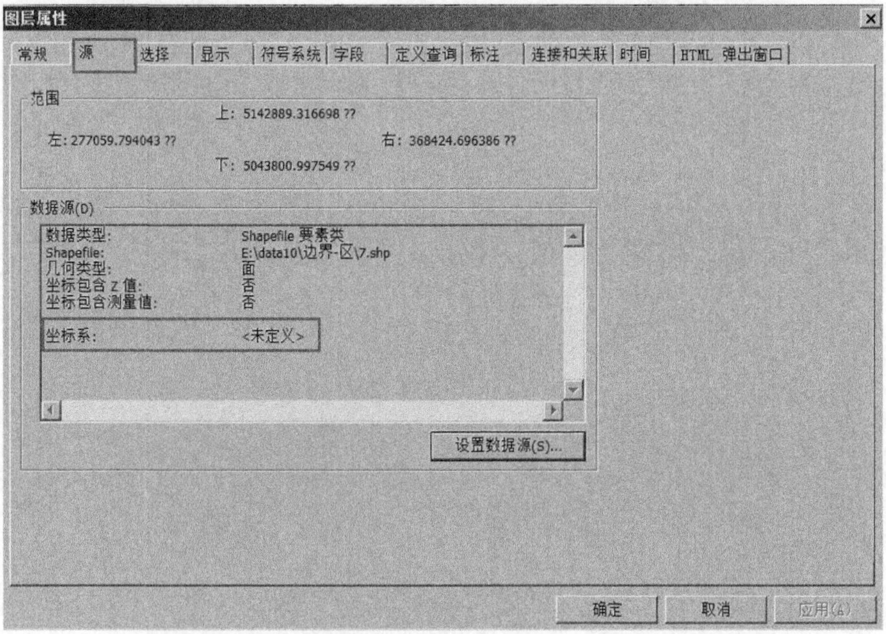

图 9-3 坐标系设置

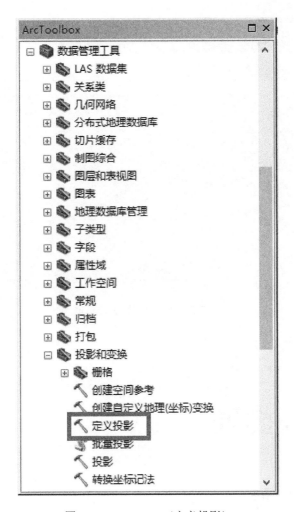

图 9-4　ArcToolbox（定义投影）

在【定义投影】界面（图 9-5）输入数据集或要素类，然后单击"坐标系"打开【空间参考属性】对话框，可以看到"投影坐标系"和"地理坐标系"。在投影坐标系中选择"UTM"＞"WGS1984"＞"Northern Hemisphere"＞"WGS 1984 UTM Zone 52N"（图 9-6）。

如果有和要定义的数据源一致的投影信息的数据，则可以通过【空间参考属性】中的"导入"直接导入投影信息（图 9-7）。

成功定义投影之后可以通过【图层属性】来查看投影信息。投影坐标系为"WGS_1984_UTM_Zone_52N"，地理坐标系为"GCS_WGS_1984"（图 9-8）。

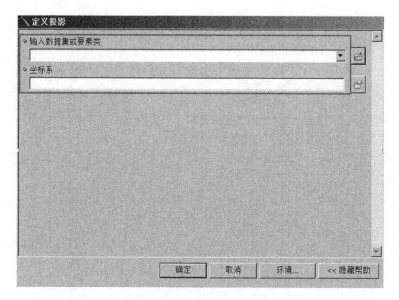

图 9-5　【定义投影】对话框

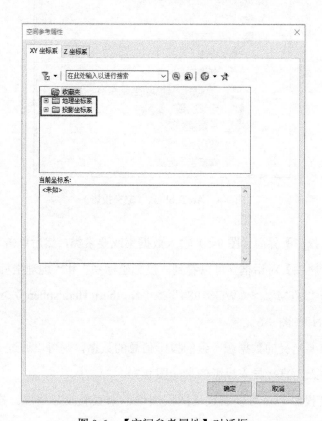

图 9-6　【空间参考属性】对话框

图 9-7　导入坐标系界面

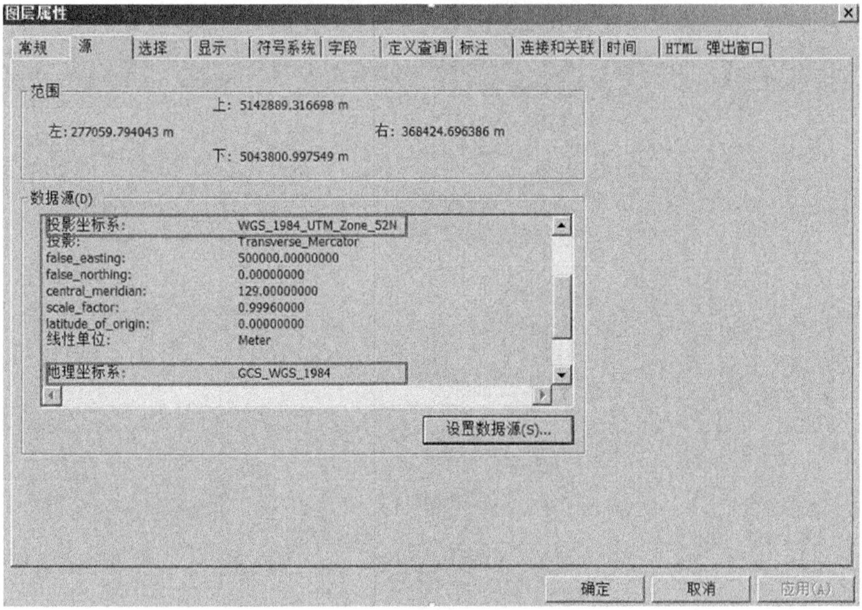

图 9-8　定义投影后界面

9.2 投影变换

投影变换是指将一种地图投影转换为另一种地图投影，主要包括投影类型和投影参数的改变，分为栅格数据的投影变换和矢量数据的投影变换。

9.2.1 栅格数据的投影变换

例如，将一幅"WGS_1984_UTM_Zone_52N"坐标系的遥感影像改为"Asia_Lambert_Conformal_Conic"，单击【ArcToolbox】选择【数据管理工具】>【投影和变换】>【栅格】>【投影栅格】（图9-9），打开【投影栅格】对话框，输入要变换投影的数据，输出要素集或要素类文件夹地址，输入变换后的坐标系，则实现了坐标系的变换（图9-10）。

图 9-9 ArcToolbox（投影栅格）

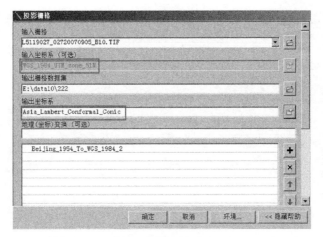

图 9-10　【投影栅格】对话框

9.2.2　矢量数据的投影变换

例如，将一幅哈尔滨七区边界的"WGS_1984_UTM_Zone_52N"坐标系改为"Asia_Lambert_Conformal_Conic"坐标系，单击【ArcToolbox】选择【数据管理工具】＞【投影和变换】＞【投影】（图 9-11），打开【投影】对话框，输入要变换投影的数据，输出要素集或要素类文件夹地址，将要输出的坐标系输入，则实现了坐标系的变换（图 9-12）。

图 9-11　ArcToolbox（投影）

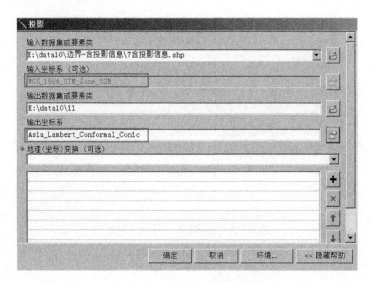

图 9-12 【投影】对话框

第 10 章

地理数据库的创建

10.1 地理数据库的创建过程

地理信息系统的数据库（简称空间数据库或地理数据库）是某一区域内关于一定地理要素特征的数据集合，是地理信息系统在计算机存储介质存储的与应用相关的地理空间数据的总和。换句话说，空间数据库是地理信息系统中用于存储和管理空间数据的场所（刘春影，2009）。空间数据库与一般数据库相比，具有数据量大、空间数据模型复杂、属性数据和空间数据联合管理、应用范围广泛等特点（李明聪，2007）。借助 ArcCatalog 可以建立两种地理数据库：本地地理数据库（个人地理数据库、文件地理数据库）和 ArcSDE 地理数据库（空间数据库连接）。本地地理数据库可以直接在 ArcCatalog 环境中建立，而 ArcSDE 地理数据库必须首先在网络服务器上安装数据库管理系统和 ArcSDE，然后建立从 ArcCatalog 到 ArcSDE 地理数据库的连接（汤国安等，2006）。

在 ArcCatalog 目录树中选择一个要建地理数据库的文件夹，在文件夹上单击右键【新建】＞【文件地理数据库】，则生成一个文件名为"新建文件地理数据库.gdb"数据库（图 10-1）。

地理数据库中的基本组成项包括对象类、要素类和要素数据集。当在数据库中创建这些项目后，数据库的建立就基本完成。建立一个新的要素数据集，首先必须明确其空间参考，包括坐标系统和坐标值的范围阈，数据集中的所有要素类使用相同的坐标系统（汤国安等，2006）。在 ArcCatalog 目录树中，在已建立的地理数据库上单击右键，选择【新建】＞【要素数据集】，打开【新建要素数据集】对话框（图 10-2）。

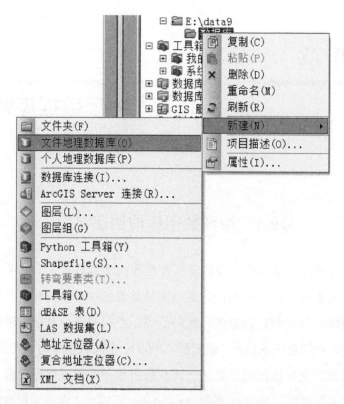

图 10-1　建立一个新的数据库

图 10-2　【新建要素数据集】对话框

定义要素数据集名称，单击【下一步】，弹出【空间参考属性】对话框，可以选择系统提供的某一坐标系统；也可以单击【导入】按钮，将已有要素的空间参考读取出来（图 10-3）。

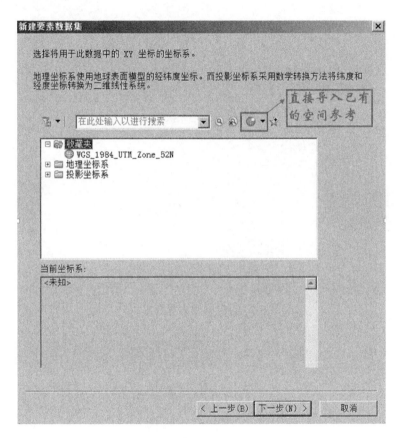

图 10-3　空间参考设置界面

单击【下一步】，分别设置数据集的 XY、Z、M 值的容差。X、Y、Z 值表示要素的平面坐标和高程坐标的范围阈，M 值是一个线性参考值（图 10-4）。

单击 ArcCatalog 目录树中，在已建立的要素数据集上单击右键，选择【新建】>【要素类】，打开【新建要素类】对话框（图 10-5）。

输入要素类名称和要素类别名，别名是对真名的进一步描述，定义别名后，要素将以别名显示在 ArcMap 视图中。指定新建要素的类别（点、线、面、多点、多面体、尺寸注记和注记等）（图 10-6）。

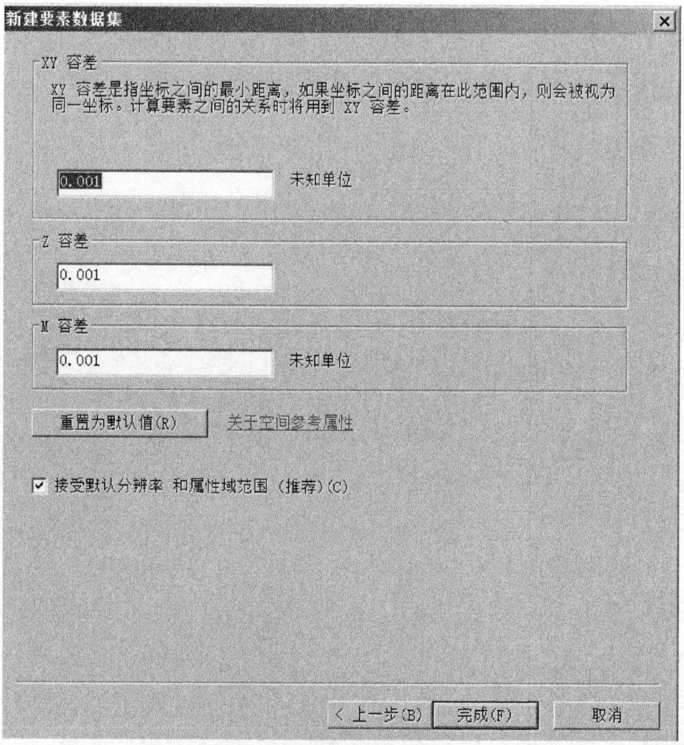

图 10-4　容差设置界面

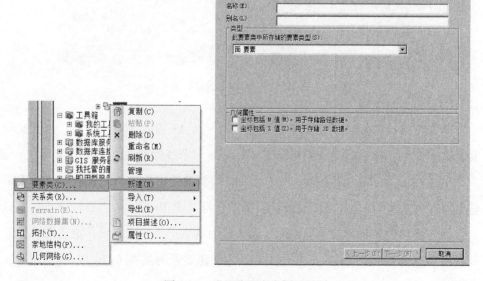

图 10-5　【新建要素类】界面

图 10-6　为要素类输入名称和别名界面

　　单击【下一步】，弹出确定要素类字段名及其类型与属性对话框（图 10-7）。在简单要素类中，OBJECTID 和 SHAPE 字段是必需字段。OBJECTID 是要素的索引，SHAPE 是要素的几何图形类别（马广文，2008）。可以为要素类添加新的字段，数据类型包括短整型、长整型、浮点型、双精度、文本、日期等格式（图 10-8）。

　　在 ArcCatalog 目录树中，在已建立的地理数据库上单击右键，选择【新建】>【表】（图 10-9），打开【新建表】对话框。单击【下一步】为新建表添加名称、别名（图 10-10），再单击【完成】可以为表添加新的字段（图 10-11）。

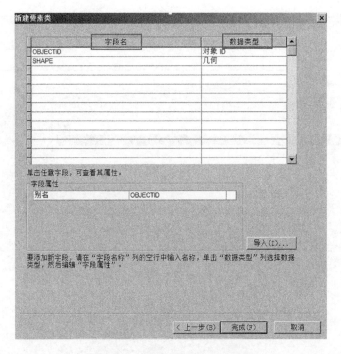

图 10-7 【新建要素类】对话框

图 10-8 为要素类添加字段界面

图 10-9　新建表界面

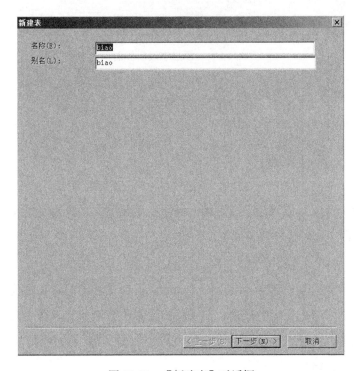

图 10-10　【新建表】对话框

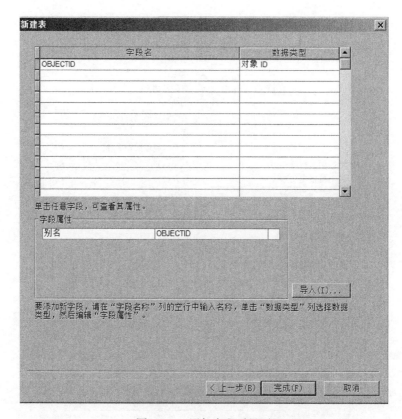

图 10-11　添加字段后界面

10.2　向地理数据库中添加数据

10.2.1　导入 Shapefile

在 ArcCatalog 目录树中，右键单击要导入地理数据库的 Shapefile 文件，选择【导出】＞【转出至地理数据库】（图 10-12），打开【要素类至要素类】对话框（图 10-13）。

在【输入要素】中选择要导入的 Shapefile，在【输出位置】中选择目标数据库或目标数据库中的要素数据集，在【输出要素类】名称文本框中为导入的新要素类设置名称，在【表达式】中，设置文件导入数据库中的条件，例如"name"='白奎镇'（图 10-14）。

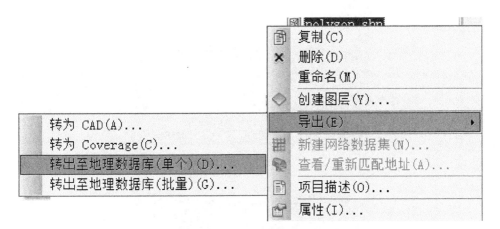

图 10-12　加载数据界面

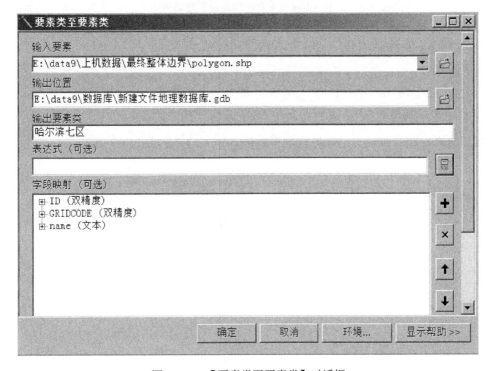

图 10-13　【要素类至要素类】对话框

图 10-14 【查询构建器】对话框

10.2.2 导入栅格数据

在 ArcCatalog 目录树中，右键单击想导入栅格数据的地理数据库，选择【导入】>【栅格数据集】(图 10-15)，打开【栅格数据至地理数据库】对话框(图 10-16)，以遥感影像和哈尔滨市七区栅格数据为例，导入结果如图 10-17 所示。

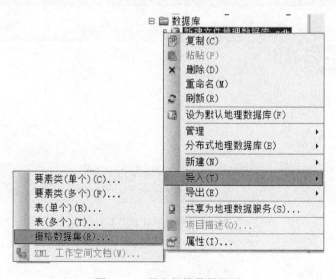

图 10-15 导入栅格数据界面

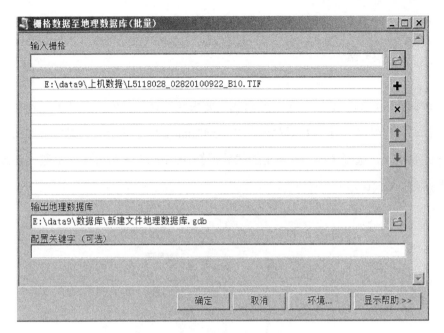

图 10-16　【栅格数据至地理数据库】对话框

图 10-17　导入数据后的界面

10.2.3　载入数据

　　数据载入不同于数据导入，数据载入要求在地理数据库中必须首先存在与被载入数据具有结构匹配的数据对象。在 ArcCatalog 目录树中，右键单击要载入数据库的要素类，选择【加载】＞【加载数据】（图 10-18），打开【简单数据加载程序】向导（图 10-19）。

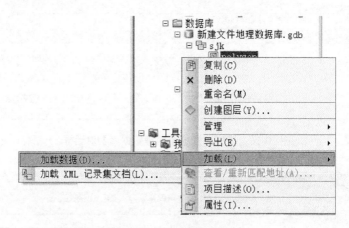

图 10-18　加载数据界面

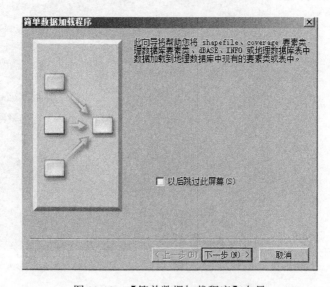

图 10-19　【简单数据加载程序】向导

单击【下一步】，打开输入数据对话框，浏览并找到要输入的要素类，单击【添加】，增加要素类到源数据列表（图 10-20）。

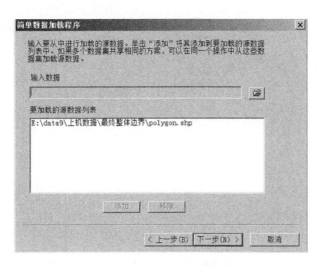

图 10-20　【简单数据加载程序】对话框

单击【下一步】，打开源字段匹配到目标字段对话框。在"匹配源字段"窗口中选择同目标字段匹配的源数据的字段。如果不想让源数据字段的数据装载到目标字段，在"匹配源字段"窗口选择"无"（图 10-21）。

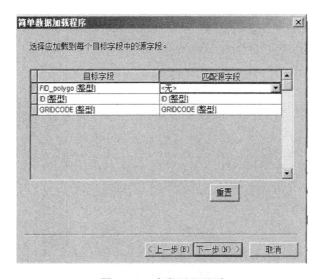

图 10-21　字段匹配界面

单击【下一步】，打开装载源数据对话框。如果需要装载全部源数据，选中【加载全部数据】，单击【下一步】，打开【参数总结信息框】，单击【完成】（图10-22）。

图10-22　【简单数据加载程序】对话框（加载数据）

如果需要载入部分源数据，在装载源数据对话框中选择【仅加载满足查询的要素】，单击【查询构建器】按钮，打开【查询数据】对话框，用查询构建器建立属性查询限制条件，限制装入目标数据库中源数据的要素，例如只想加载"兰河街道"，可以输入公式"name"='兰河街道'（图10-23）。

图10-23　【查询数据】对话框

第 11 章

数据变换、结构转换与处理

11.1 数 据 变 换

数据变换是指对数据进行诸如放大、缩小、翻转、移动、扭曲等几何位置、形状和方位的改变等操作。通过 ArcToolbox 的【数据管理工具】>【投影和变换】>【栅格】>【翻转】（镜像、重设比例、旋转、平移和扭曲）工具来实现（图 11-1 和图 11-2）。

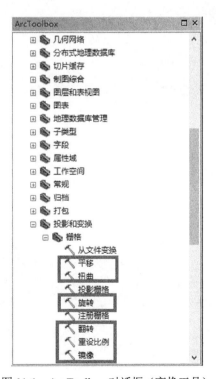

图 11-1 ArcToolbox 对话框（变换工具）

(a) 原图

(b) "翻转"后的图像

(c) "镜像"后的图像

(d) "重设比例" 后的图像

(e) "旋转" 后的图像（向右旋转40°）

图 11-2　数据变换图

11.2　数据结构转换

地理信息系统的空间数据结构主要有栅格结构和矢量结构，二者是表示地理信息的两种不同方式。栅格结构是最简单、最直观的空间数据结构，又称为网格结构或象元结构，是指将地球表面划分为大小均匀、紧密相连的网格阵列（张金喜，2011；董楠，2009；赵亮，2009；李强，2008）。矢量结构是通过记录坐标的方式尽可能精确地表示点、线、多边形等地理实体。在地理信息系统中栅格数据与矢量数据各自具有特点与适用性，为了在一个系统中兼容这两种数据，以便进一步分析处理，常需要实现两种结构的转换。

11.2.1　栅格数据向矢量数据的转换

栅格数据转换为矢量数据通过 ArcToolbox 的转换工具来实现。具体操作为【转换工具】>【由栅格转出】>【栅格转面】（图 11-3）。

11.2.2　矢量数据向栅格数据的转换

矢量数据转换为栅格数据通过 ArcToolbox 的【转换工具】>【转为栅格】>【要素转栅格】来实现（图 11-4）。

(a) ArcToolbox对话框（栅格转面）

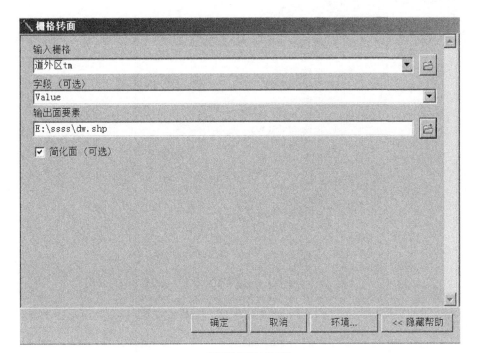

(b)【栅格转面】对话框

(c) 转换结果

图 11-3　栅格数据转换为矢量数据

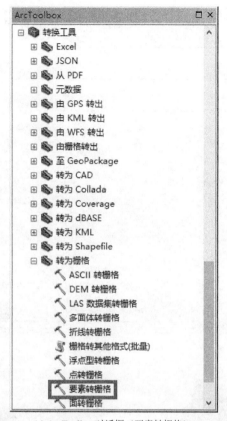

(a) ArcToolbox对话框（要素转栅格）

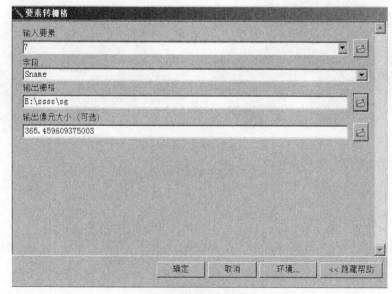

(b)【要素转栅格】对话框

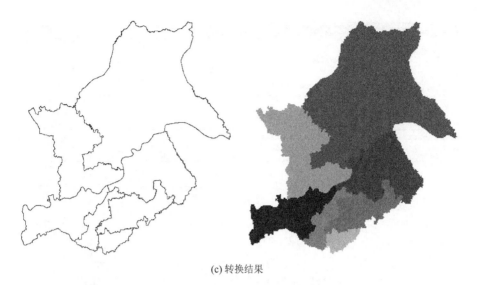

(c) 转换结果

图 11-4　矢量数据转换为栅格数据

11.3　数　据　处　理

空间数据处理是基于已有数据派生新数据的一种方法，是通过空间分析方法来实现的。在这里主要介绍数据裁剪、拼接、相交（交集）、合并（并集）、提取。

11.3.1　数据的裁剪

用一个多边形图层去裁剪另一个图层：根据一个图层剪切另一图层中的要素，从而生成一个新的主题。派生的主题中将只包含处于用来裁剪的多边形边界内的要素。几何上，位于多边形要素范围内的输入图层要素得到保留。属性上，输入图层的要素属性得到继承（于文静，2002）。具体操作为【分析工具】＞【提取分析】＞【裁剪】，在【裁剪】对话框中输入要素、裁剪要素、输出要素类存储路径和名称（图 11-5）。

利用已有栅格数据的裁剪，通过 ArcToolbox 的【Spatial Analyst 工具】＞【提取分析】＞【按掩膜提取】来实现（图 11-6）。

按照"矩形"数据的裁剪，通过 ArcToolbox 的【Spatial Analyst 工具】＞【提取分析】＞【按矩形提取】来实现（图 11-7）。

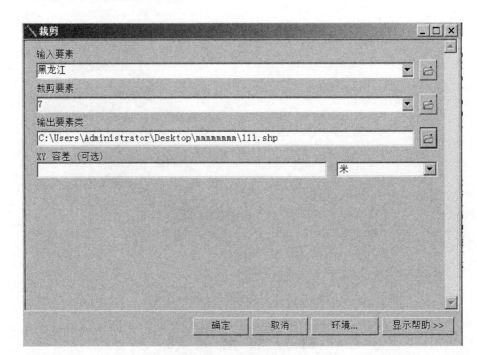

图 11-5 【裁剪】对话框

(a) ArcToolbox（按掩膜提取）

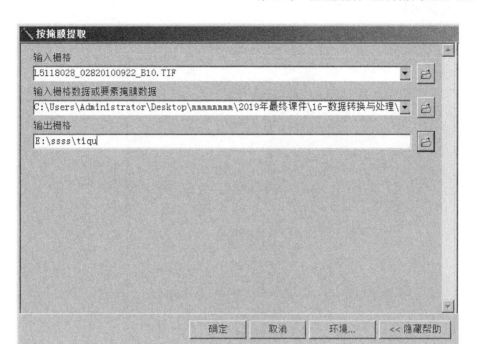

(b)【按掩膜提取】对话框

(c) 按掩膜提取结果

图 11-6　"按掩膜"裁剪数据

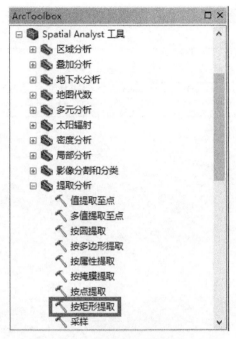

(a) ArcToolbox（按矩形提取）

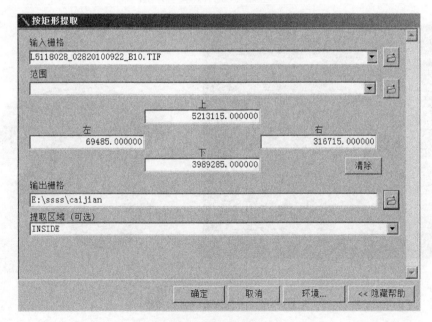

(b)【按矩形提取】对话框

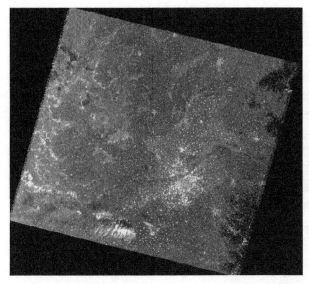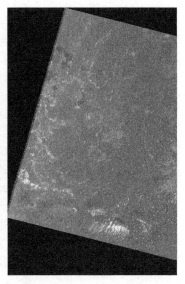

(c) 按矩形提取结果

图 11-7　"按矩形"裁剪数据

11.3.2　数据的拼接

拼接操作可以把具有相同要素类型的两个或更多图层合并成一个图层。几何上，新图层包含原来两个图层的全部信息。属性上，指定一个图层，让新图层的字段结构与其相同。该指定图层的字段值得到保留，而另一图层中的要素，其字段根据新图层中是否存在同名、同类型字段被取舍。

矢量数据的拼接通过 ArcToolbox 的【数据管理工具】>【常规】>【合并】来实现（图 11-8）。

栅格数据的拼接通过 ArcToolbox 的【数据管理工具】>【栅格】>【栅格数据集】>【镶嵌至新栅格】来实现（图 11-9）。

11.3.3　数据的相交

图层相交这个功能将两个图层进行地理相交运算。输入图层要素类型可以是多边形或线，相交图层必须是多边形，输出图层的属性包含两张图层的属性。在 ArcToolbox 单击【分析工具】>【叠加分析】>【相交】，在打开的【相交】对话框中输入要素、输出要素类存储路径和名称（图 11-10）。

(a) ArcToolbox（合并）

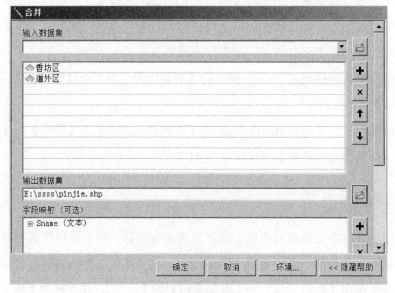

(b)【合并】对话框

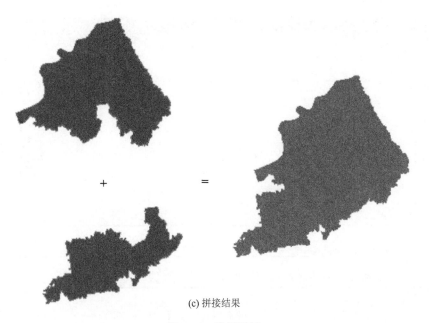

(c) 拼接结果

图 11-8　数据拼接

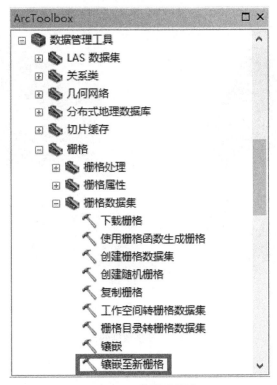

(a) ArcToolbox（镶嵌至新栅格）

(b)【镶嵌至新栅格】对话框

(c) 栅格数据的合并结果

图 11-9　栅格数据的拼接

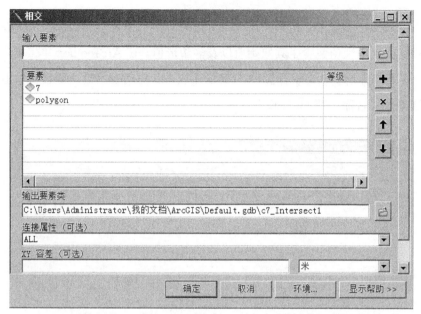

(a)【相交】对话框

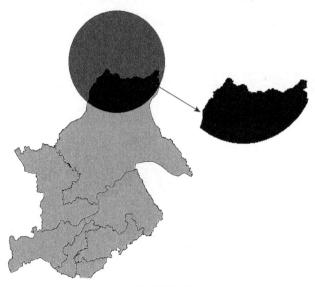

(b) 数据裁剪结果

图 11-10　数据的相交

11.3.4　数据的合并

图层合并这个功能将两个图层进行联合运算，派生新的图层。几何上，新图层中为输入图层叠加了多边形图层的分划信息，全部要素均得到保留。属性上，新图层中要素属性值包含了其原始值以及多边形值。在 ArcToolbox 单击【分析工具】>【叠加分析】>【联合】，在打开的【联合】对话框中输入要素及输出要素类存储路径和名称（图 11-11）。

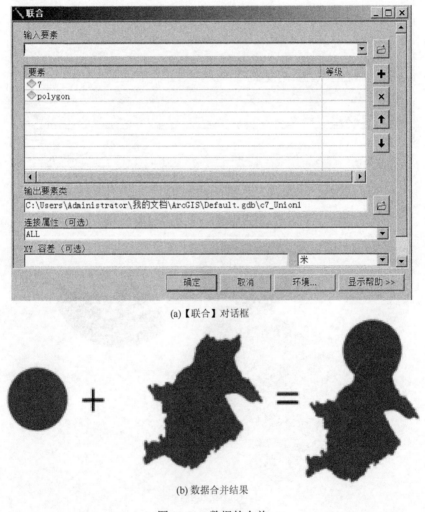

(a)【联合】对话框

(b) 数据合并结果

图 11-11　数据的合并

11.3.5　数据的提取

数据提取时，从已有数据中，根据属性表内容选择符合条件的数据，构成新的数据层。可以通过设置 SQL 表达式进行条件选择。矢量数据的提取通过 ArcToolbox＞【分析工具】＞【提取分析】＞【筛选】来实现（图 11-12）。

(a) ArcToolbox（筛选）

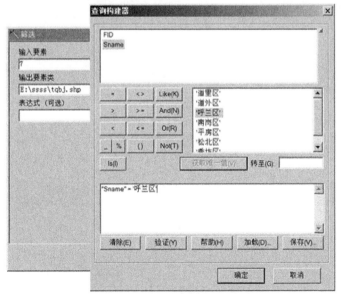

(b)【筛选】对话框及【查询构建器】对话框

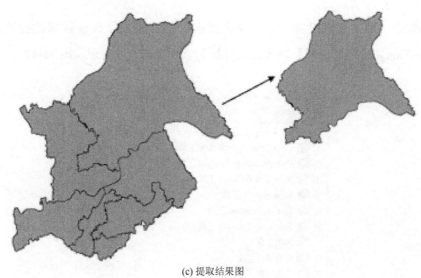

(c) 提取结果图

图 11-12　数据的提取

参考文献

蔡孟裔，毛赞猷，田德森，等，2000. 新编地图学教程[M]. 北京：高等教育出版社.

陈超颖，王燕玲，程丽，2017. 浅谈地理信息系统技术在搭建卷烟营销最小单元分析平台中的应用[C]//中国烟草学会学术年会优秀论文集. 北京：中国烟草学会.

陈广博，2017. 广东省特种设备 GIS 移动应用系统设计与实现[D]. 广州：华南理工大学.

陈志慧，2013. 让 GIS 技术走进高中地理课程[J]. 考试周刊（58）：144-145.

池建，2011. 精通 ArcGIS 地理信息系统[M]. 北京：清华大学出版社.

储征伟，杨娅丽，2011. 地理信息系统应用现状及发展趋势[J]. 现代测绘，34（1）：19-22.

党海龙，张鹏，王涛，等，2017. 延长探区数字油田平台设计与功能展示[J]. 非常规油气，4（6）：109-115.

董楠，2009. 基于 GIS 的城市排水管网系统模拟研究[D]. 天津：天津大学.

顾燕，2004. 海岸带遥感制图技术研究与应用[D]. 南京：南京师范大学.

郭红蕊，梁乃兴，2009. 重庆公路自然区划新方法研究[J]. 重庆交通大学学报（自然科学版），28（2）：279-282.

郭堃，2011. 基于 FPGA 及嵌入式的电缆故障测距定位系统[D]. 泉州：华侨大学.

扈军，2015. 基于 GIS 的声景分析及声景图制作研究[D]. 杭州：浙江大学.

黄杏元，马劲松，汤勤，2001. 地理信息系统概论（修订版）[M]. 北京：高等教育出版社.

黄秀兰，2008. 基于多智能体与元胞自动机的城市生态用地演变研究[D]. 长沙：中南大学.

李更连，2001. 现代地图的制作及应用[J]. 大地纵横（3）：40-41.

李坚，2011. 国产 GPS 仪器软件在国外测绘项目中的应用[J]. 测绘技术装备，13（2）：34-36.

李明聪，2007. 基于叠置分析技术的原型系统的设计与实现[D]. 大连：大连理工大学.

李强，2008. 基于 GIS 的重庆市北碚区滑坡灾害危险性评价[D]. 重庆：西南大学.

林剑，钟迎春，赵会芳，2009. GIS 本科层次人才培养的课程体系设计[J]. 矿业工程研究，31（1）：208-210.

刘春，王黎升，汪绪柱，2016. MapGIS 地质图件向 ArcGIS 系统中的转换及应用[J]. 国土资源信息化（4）：40-42.

刘春影，2009. 小城镇网络地理信息系统研究及应用[D]. 北京：北京交通大学.

刘丽，2009. 基于 GIS 的城镇地籍管理信息系统设计与实现[D]. 合肥：合肥工业大学.

刘耘成，2014. 电力生产管理系统输电运检子系统的设计与实现[D]. 沈阳：东北大学.

吕玉坤，王晓钢，赵锴，2011. GIS 技术在供热管网中的应用综述[J]. 应用能源技术（6）：40-42.

马广文，2008. 长江流域农业区氮平衡研究[D]. 呼和浩特：内蒙古师范大学.

马杰，2013. 基于警用 GIS 的案件系统集成和研判研究[D]. 成都：电子科技大学.

沈晓丽，吴美华，2010. 海量三维影像数据的处理、存储与发布[J]. 山西电力（6）：58-60.

宋小冬，钮心毅，2004. 地理信息系统实习教程[M]. 北京：科学出版社.

孙双印，2018. 塞罕坝森林可持续经营管理现状及对策建议[J]. 安徽农学通报，24（11）：90，110.

汤国安，刘学军，闾国年，等，2010. 地理信息系统教程[M]. 北京：高等教育出版社.

汤国安，杨昕，2006. ArcGIS 地理信息系统空间分析实验教程[M]. 北京：科学出版社.

王斌，2018. 中国地质钻孔数据库建设及其在地质矿产勘察中的应用[D]. 北京：中国地质大学.

王文宇，杜明义，2011. ArcGIS 制图和空间分析基础实验教程[M]. 北京：测绘出版社.

王勇富，2018. 测绘新技术在土地规划项目中的运用实践分析及阐述[J]. 科技风（10）：88.

吴小芳，徐智勇，王建芳，2009. 地图学课程教学改革探讨[J]. 中国科教创新导刊（31）：52-53.

吴晓丽，2009. 滇中地区云南松林生物量及碳储量遥感估测模型研究[D]. 昆明：西南林学院.

杨金华，2012. 水污染模型 EFDC 在环境污染中的应用研究探讨[J]. 中国新技术新产品，228（14）：211.

杨益飞，刘小勇，2010. 基于 MapWinGIS 的组件式 GIS 开发及应用[J]. 测绘与空间地理信息，33（6）：153-155.

于光建，2007. 基于 3S 技术支持下的沙漠历史地理学研究[J]. 兰州教育学院学报（2）：21-24.

于文静，2002. 基于 GIS 的退耕还林信息系统研究[D]. 长沙：中国人民解放军国防科学技术大学.

袁春桥，范新成，王志永，等，2007. 坐标系统通用转换模型的研究[C]//山东省"数字国土"学术交流会论文集. 济南：山东省科学技术协会.

张婵婵，2013. 县域土壤速效氮磷钾含量及空间变异研究[D]. 保定：河北农业大学.

张金喜，2011. 基于 ArcEngine 的人工增雨效果评估系统集成及关键技术研究[D]. 南京：南京信息工程大学.

张玲，2012. 3DGIS 环境中多监控摄像机空间布局的设计[D]. 武汉：华中师范大学.

张鹏，2009. 沉陷区主要环境资源损害 GIS 可视化评价系统研究[D]. 青岛：青岛理工大学.

张玉梅，2009. 土地二次调查空间数据质量检查与处理方法[D]. 昆明：昆明理工大学.

赵亮，2009. 奉节新城区高边坡区域风险管理系统研究[D]. 重庆：重庆大学.

赵伟，2012. 山西陵川王莽岭国家地质公园信息管理系统设计与开发[D]. 北京：中国地质大学.

郑贵洲，晁怡，2010. 地理信息系统分析与应用[M]. 北京：电子工业出版社.

朱珍，2014. 基于.NET 与 ArcObjects 组件技术的矿山开采沉陷可视化预计系统研究及应用[D]. 青岛：青岛理工大学.

Burrough P A，1987. Principles of geographical information systems for land resources assessment[J]. Landscape & Urban Planning，144（3）：357-358.

Goodchild M F，1992. Geographic information science[J]. International Journal of Geographical Information Systems，6（1）：31-45.

Parker H D，1988. The unique qualities of a geographic information system：a commentary[J]. Photogrammetric Engineering & Remote Sensing，54（11）：1547-1549.

Tomlinson R F，1989. Geographic information systems and geographers in the 1990s[J]. Canadian Geographer，33（4）：290-298.